人性的优点

［美］戴尔·卡耐基 著　傅聪 译

九州出版社
JIUZHOUPRESS

图书在版编目（CIP）数据

人性的优点 / (美) 戴尔·卡耐基著 ; 傅聪译. --
北京 : 九州出版社, 2018.1
ISBN 978-7-5108-6501-5

Ⅰ.①人… Ⅱ.①戴… ②傅… Ⅲ.①成功心理—通
俗读物 Ⅳ.①B848.4-49

中国版本图书馆CIP数据核字(2018)第008500号

人性的优点

作　　者	（美）戴尔·卡耐基　著
译　　者	傅聪　译
出版发行	九州出版社
地　　址	北京市西城区阜外大街甲35号（100037）
发行电话	(010)68992190/3/5/6
网　　址	www.jiuzhoupress.com
电子信箱	jiuzhou@jiuzhoupress.com
印　　刷	北京洲际印刷有限责任公司
开　　本	710毫米×1000毫米　　16开
印　　张	17
字　　数	200千字
版　　次	2018年3月第1版
印　　次	2018年3月第1次印刷
书　　号	978-7-5108-6501-5
定　　价	39.80元

自序 写作本书的缘起

客观地说，我最早开始的事业是不成功的，我办了一个成人训练班，办班的费用大部分是向人家借的，等过了一段时间算了下账，结果是一分钱的赢利都没有，这等于就是亏了本。这时，我反思了一下，我是不是就像我父亲对我评价的那样，根本就做不成任何事，可当我考虑转行的时候，继母的话给了我力量。

当初我父亲指着我对新娶进门的继母说："这是全社区里最坏的孩子。"而继母说："你错了，他不是全社区最坏的孩子，而是最聪明但还没有找到发挥热忱地方的孩子。"

继母说的对，如果我找到了能让我发挥热情和爱好的地方，我一定会将那件事坚持下去的，这时我就想，这种心态就是人性的优点吧。当一个人遇到困难和挫折的时候，都免不了产生许多烦恼和忧虑，就和当初我遭遇办学失败一样，但只要不甘心失败，并认清让自己烦恼、忧虑的原因，那忧虑就会被排解掉。此后，在我的训练班中我加进了如何认识忧虑、如何战胜忧虑的课程。令我欣喜的是，到此专门排解忧虑的人与日俱增，我的训练班为此不断地设立分部。

我的成人训练班讲授的如何让人消除忧虑、重新焕发生活活力的课程，让无数人消除了困扰他们多年的忧虑症，重燃他们的创业信心，并让许多人事业有成，像大卫斯商学院的创办人柏莱克教授、全美著名经济学家罗杰·巴博森博士、前奥林匹克轻重量级拳王艾迪·伊甘等，许多成功人士都是这个课程的受益者。后来，我把这些消除忧虑的方法及忠告写成书，作为我成人训练班的主要教材，这本书就是：《人性的优点》。

——戴尔·卡耐基

目 录
CONTENTS

目 录

第六篇　如何避免批评带来的烦恼

第七篇　强健身心让疲倦远离

第一篇

忧虑的本质

第一章

活在完全独立的今天

　　1871 年的春天，加拿大蒙特利尔医院的一位医科学生因面临期末考试和未来不可知的前途，心里充满了忧虑，但当他拿起一本书，看到了其中只有二十几个字的一段话时心中豁然开朗，忧虑全消。

　　这位学生后来成了一位很著名的医学家，他创建了闻名全球的约翰·霍普金斯医学院，他还是牛津大学的钦定医学教授——这是英国医学界的最高荣誉。另外，他还被封为爵士。他就是威廉·奥斯勒爵士。当年，他看到的那段话是汤姆斯·卡莱尔写的："人生最重要的，不是倾心模糊的未来，而是做好眼前的事。"应该说，就是这样一段话，影响也创造了他的未来。

1913 年，他在给耶鲁大学的学生做演讲时说，像他这样曾在四所大学当过教授，写过一本畅销书的人，似乎是个天才，但事实并非如此，因为他的好朋友都说他资质平庸。那么他又是如何走向成功的呢？他自己认为这是因为他一直生活在"完全独立的今天"。

那么，什么是"完全独立的今天"呢？举例说，他曾乘坐海轮横渡大西洋。他看见船长按了一个按钮之后，本来看上去是一个很大的船舱，很快就随着一阵机器轰鸣彼此隔成了几个独立的防水舱。因此，奥斯勒博士告诉耶鲁的学生们说："你们每个人都拥有比那条海轮更为精密的有机体，也应该学会控制自己的一切，让自己活在'完全独立的今天'，那么，要保证你们能完满地驶向终点，如果在船上，就是要学会独立地把握属于自己的船舱。"

把昨天隔断，把那些尚未到来的明天也隔断。你只拥有今天！昨日不可追，与过去隔断……明天的重担加上昨天的重担，肯定会成为你今天的障碍。救赎自己就必须依靠现在。

但奥斯勒博士这样讲并不是要我们放弃对明天的规划！他在那次演讲中也提到，集中所有的智慧和热情，完美地完成今天的工作，就是能为未来做的最好的准备。他希望耶鲁大学的学生在每一天的餐前都能吟诵祷词："赐给我今天的粮食。"

这句祷词既没有对昨日酸面包的抱怨，也没有对明天能否吃上面包的担忧，它告诉我们只能要求今天的食物，而不是一生的食物。

据说，在很久以前，曾有一个一文不名的哲学家，在贫穷的乡村流浪，一天，面对聚集在他身边的人群，他说出了一段被世世代代流传的名言："不要为明天忧虑，明天还有明天的忧虑，今天的困难已经足够承受了。"

但有很多人认为"不要为明天忧虑"这句话是多余的忠告而始终不肯认同。他们说："我必须为明天打算。我得为全家人买保险，为养老存钱，为将来做计划和准备。否则，人无远虑，必有近忧。"不错，这些都是必做之事。事实上，300多年前的翻译和今天的翻译的意义完全不同。更准确地说，它的意思是："不要为明天焦虑。"为明天着想，认真地计划、准备都没有错，但不要为明天担忧。

美国海军上将阿尔耐斯特·金思说："我给最优秀的人提供最好的装备，然后再让他们完成最重要的任务。这就是我所能做的全部事情。"他还说："如果一艘船沉了，我无法阻止它，又无法去打捞它。那么，与其花时间在那里懊悔，不如去想想眼下要急需做什么。而且如果我总操心这些事，我可能支持不了多久。"

无论何时，好主意和坏主意的区别都是：好主意会考虑事情的前因后果，产生可行性的计划；坏主意则会令人紧张和精神崩溃。

最近，我很荣幸地拜访了《纽约时报》的发行人亚瑟·苏兹伯格。他告诉我，当第二次世界大战蔓延到欧洲时，他很吃惊，对未来的担忧让他整夜失眠。有时，他不得不经常半夜起床，对着镜子，在画布上为自己画像，尽管他根本就不会画画。但为了缓解自己的忧虑，他硬着头皮画了。事实上，那也并没有消除他的忧虑。直到他看到一首赞美诗中的一段，才让他消除了忧虑，归于宁静。那段赞美诗是这样写的：

> 仁慈的灯光，请照亮我的眼前
> 我不求看清远方
> 我只希望走好脚下的路

与《纽约时报》的发行人一样，在欧洲战场服役的一名叫泰德·本杰明的美国年轻士兵，曾忧虑得完全丧失了斗志。他在回忆录中写道："1945年4月，严重的忧虑使我患上一种被医生称为'结肠痉挛'的病，它令我非常痛苦，如果要不是战争结束的话，我肯定会垮掉。

"那时我是第94步兵师的一位士官，负责记录战斗中的伤亡及失踪情况，还要帮助挖掘那些在激战中被草草埋葬的士兵，把他们的遗物送给他们的亲人，我一直担心会弄错了造成尴尬。这让我几乎精神崩溃，我一直担心自己会出事，并且害怕会没有机会看到刚16个月大的儿子。心力交瘁让我瘦了34磅。一想到我可能无法活着回家，就会像个孩子一样哭泣。德军最后的大反攻开始不久，我几乎放弃了正常生活的希望。

"最后，我住进了医院，在医院里一位军医的忠告改变了我的生活。他在给我做完全面检查之后告诉我，我的问题纯粹是精神上的，他说：'泰德，生活就像一个沙漏。漏斗里装满了沙粒，要把它们倒出，它们需要缓慢、均匀地流过中间漏斗的细口，除了把沙漏弄坏，否则它们就不可能一下子都漏下去。人和沙漏是一样的，我们需要在一天内完成很多工作。但我们每次只能做一件，就像沙漏只允许沙子有序、限量地通过一样。让这些事像沙粒一样缓慢而均匀地通过，否则我们的身体和精神就会被损害。'

"这是值得纪念的一天，自从军医跟我说了这段话后。我就一直奉行这种哲学。'一次只做一件事。'这个忠告在我遭遇困苦时拯救了我，也影响着我现在的工作。我现在从事商场管理工作，我发现商场也有类似战场的问题，即一次不可能做完好几件事。在整理材料，处理新表格，安排新资料，筹备分公司开张或关闭，面对繁杂的事情，我已经不再慌乱，工作更有效率了，再也没有那种几乎使我崩溃混乱的感觉。"

现在的医院，有一半以上的病人都是心理上有问题的人，他们身体机能上并没什么异常，只是精神被积累的昨天和令人担心的明天一起压垮了。其实这些人只要能牢记这句话："不要为明天忧虑。"或者记住奥斯勒爵士的话："活在完全独立的今天。"他们就一定都能快乐地走在街上，过幸福的生活了。

此刻，我们都站在过去和未来永恒的交汇点上，我们不可能在过去和未来这两个永恒中生活哪怕一秒钟，既然如此，我们就应该满足于生活的此刻。美国政治家罗勃·史蒂文森说过："如果上帝只给我们一天的生活时间，那么，不论负担多重，人们都能坚持下去；不论工作多苦，人们都能努力完成；每个人都能快乐、耐心、慈悲、纯洁地活到太阳下山，其实这就是生命的真谛。"没错，生活要求我们的不过如此。

但生活在密歇根州沙支那城的辛尔德太太，在认识到这一点之前，却沮丧得几乎想自杀。她回顾自己所经历过的最困苦的那段生活时说："1937 年我丈夫去世了，我非常悲伤而且沮丧，当时，我没有一点积蓄，生活也难以维持。因此我给我以前的老板里奥罗区先生写信，请求他让我回去做原来的向学校推销世界百科全书的工作。我的汽车早在两年前我丈夫生病时就卖掉了。但为了重新工作，我又勉强凑钱，分期付款买了辆旧车，开始出去卖书。

"我原以为，工作能帮我摆脱颓丧的情绪。但我实在难以忍受总是一个人驾车、吃饭的生活，而且有时候我的推销很失败，因此即使买车时分期付款的数额不大，却也难以付清。

"1938 年的春天，我去密苏里州维沙里市的学校推销。但那些学校都很穷，公路也难走。我一个人孤独沮丧得想要自杀。我感到成功很难，生活也很渺茫，每天早上要起床面对生活时我都很恐惧。我担忧所有的事：担忧无法还清分期付款，担心房租，担心食物不够吃，担心生病。如果不是因为担心我的自杀会让姐姐悲伤的话，我已经不在人世了。

"使我振作起来，鼓起勇气继续生活下去的是我后来读到了一篇文章。我永远感激那篇文章里令人振奋的话：'对聪明人来说，每天都是一个新的生命。'我把这句话打印下来贴在汽车的挡风玻璃上，这样我开车的时候就时时刻刻能看到它。我发现，每次只活一天很容易，我不再对过去念念不忘，也不再为未来忧虑。每天清晨我都对自己说：'今天是我的新生。'

"我成功地克服了孤寂需求的恐惧感，变得非常快乐，事业也逐渐走向成功，而且我对生命充满了爱和热情。现在不论生活中有什么难题，我都不再恐惧了。我知道，我无须为未来忧虑。我也知道，每次我只能活一天，而'对于聪明人来说，每天就是一个新的生命'。"

猜猜下面几句话的作者是谁：

只有能把今天当作自己的来过的人，才能活得更快乐。

因为他觉得唯有今天才能让人信得过："不管明天多糟糕，可我今天却是欢愉的。"

这几句很时尚的诗是古罗马诗人荷瑞斯在两千多年前写的。

我认为人最可怜的就是，忽略今天的生活眺望明天。我们向往天际瑰丽的玫瑰园，但却不知欣赏我们窗前正在盛开的玫瑰。

我们为什么要做这种愚人？

史蒂芬·利科克说："生命虽短但历程奇妙，比如：面对要完成的事，小孩子总说：'等我再大一些后。'等长大一些后他又说：'等我长成大人以后。'当真的成为大人后他又说：'等我结婚后。'可结了婚呢？他的想法又变成了'等我退休以后'。等终于退休了，他回顾自己的人生时，不免心头发凉，他错过了一切，而且一切都找不回来了。我们总是认不清真正的生活在当下。"

底特律城的爱德华·伊文斯先生，在明白这个道理前，也有和辛尔德太太一样忧郁得几乎自杀的经历。他小时候家庭贫困，最初靠卖报维持生活，后来又去杂货店做店员，但由于要养活家里 7 口人，他必须找新的工作，因此又做了图书管理员助理，虽然薪资不高，但他不敢辞职，干了 8 年后，他才有勇气创业，他不但还清了为创业所借的钱，而且一年净赚了两万美元，但不久他存钱的银行倒闭，他所有财产都没有了，还欠了 16000 美元。

这巨大的打击令他吃不好，睡不好，他说："由于忧郁过度，我生了奇怪的病，在一次走路时昏倒了，从此什么都做不了只能卧床休息，身体一天天衰弱下去。医生告诉我，我只能活两周了。我很吃惊，但我也放松了，因为死了就没有任何烦恼了，我甚至写好了遗嘱，躺下等着死神的来临，可这样连续休息了好几个星期。虽然每天睡不到两小时，但睡眠质量很好，胃口也恢复了，体重逐渐增加。几周后我不但没死，还能拄着拐杖走路了。六周后，我重新工作了。我曾经一年赚两万美元，但现在我却为周薪 30 美元的挡板推销工作高兴不已。我不再为过去和将来担忧，而把所有的时间、精力、热情都投入到了每天的工作中。"

　　他的事业发展很快，几年后，他已成为伊文斯工业公司的董事长，而且他的公司一直长期雄霸纽约的股市。他这些巨大成就的取得都得益于他学会了"活在完全独立的今天"的哲学。

　　也许你还能记起白雪公主的话："这里的规矩是，明天和昨天都能吃果酱，但今天不准吃果酱。"大多数人也是这样，只记得为明天和昨天的果酱发愁，却想不起来为今天的面包涂上厚厚的果酱。就连法国伟大的哲学家蒙田也犯过这样的错误，他说："我曾经有过的大部分的担忧，其实从没有发生过。"其实我们的生活何尝不是这样呢！

　　生命流逝的速度惊人。我们唯一需要重视的就是让它过得充实而有意义。

　　这和汤姆斯的想法不谋而合。最近我在他的农场度周末，发现他挂在墙上的镜框里写着这样的诗句：

　　　　造物主之所以要创造今天，

　　　　就是要我们快乐地拥有它。

　　作家约翰·罗金斯在自己的桌子上放了一块刻着"今天"的石头，我没有在桌上放石头，但我在每天早上刮胡子要面对的镜子上贴了一首诗。这也是奥斯勒博士放在他桌上的那首诗，诗的作者是印度的戏剧家卡里达沙：

向黎明致敬

注视黎明!

因为它就是生命,

是最重要的生命节点。

在今天的转瞬之中,

存在着你的一切。

成长的希望,

行动的快乐,

成功的喜悦。

昨日是一场回忆,

明天是一种希冀。

只有今天,

才能做好切实的准备。

才能使明天的憧憬更有希望,

因此,好好地珍惜黎明吧,

这就是你对黎明的敬重。

因此,如果你想克服忧虑,就应该像奥斯勒爵士说的那样:将过去和未来先放在一边,活在完全独立的今天。

看看下面的几个问题,并回答一下。

1. 我是否只注重未来,追求"天边可能会有的瑰丽的玫瑰园"而没有生活在现在?

2. 我是否常因为过去的后悔事，而搅得今天一直都很难受？

3. 我早上起床时，是否下决心要"抓住今天切实地要做一些实事"？

4. "活在完全独立的今天"能否让我的生活过得更幸福快乐？

5. 我应该从什么时候开始实践"活在完全独立的今天"的诺言？下周，明天，还是今天？

第二章

消除忧虑的万能公式

　　阅读这样的书，你是不是想找到一种解除忧愁的办法，以便取得实际效果呢？威利斯·卡瑞尔发现了这种方法，现在我把这种方法说一下。卡瑞尔先生是一位著名的空调工程师，他开发研制了很多空调部件。在纽约州的塞瑞库斯市，他创办了后来很有名的卡瑞尔公司。以我的眼光来看，卡瑞尔采用的方法，是解除忧虑的最好的方案之一。

　　在和卡瑞尔先生一起吃晚饭时，他说：

　　在我二十多岁的时候，我自己一个人在布法罗市的布法罗钢铁公司干活。有一次，主管指派我到密苏里州水晶城的一家玻璃公司安装一台瓦斯清洁机。

　　在这之前我曾经试过用这种新的瓦斯清洁的办法，只不过仅仅做过一次，当然现在与当时的情况有很大的不同。在密苏里州水晶城做测试的时候，我没想到遇到了意料之外的难处。后来经过我的几次努力检修，清洁设备可以工作了，可是还是与公司以前所承诺的要求相差太远。

　　我的心情非常糟糕，因为我失败了，就像被人在脸上狠狠地打了一拳，我的胃都非常不舒服，那段时间里，我每天几乎没法睡觉。有一天，我开始清醒地意识到，忧虑不可能解决我的这些问题。于是我决定不再忧虑，而是去寻找解决问题的方法，它不需要忧虑就能达到想要的目标，最终我找到了解决问题的办法。这么多年来我一直用这个方法解决面临的问题，已经快30年了。

　　这个方法非常简单，它只有三个步骤：

　　第一，心态平和地面对发生事故的整个过程，想想它最坏的后果是什么？想想自己还没有到坐监狱或被直接枪毙的地步吧，这当然是肯定的，生命不会有任何问题。虽然，我极有可能会被老板炒鱿鱼，或者是撤回设备使公司遭遇2万美元的财产损失。

第二，在做出最糟糕的预测后，剩下的事情就是勇敢地接受它。我提醒自己，我的档案会因此留下污点，以至于会让自己丢掉这份工作。如果真是这样的话，我只有再找一份工作了，工资可能会减少，但我会坦然接受。从老板的角度来看，大概会认为，公司在开发一种最新的清洁瓦斯的方法，就算是实验费用花了2万美元，公司也是能够承受的。事故发生前能预估到可能发生的最坏后果，然后英勇地接受它，这样一想，我马上就可以轻松下来，内心有一种从未有过的安心和平静。

第三，集中精力和所能掌控的时间，努力改变那最糟糕的结果。直面2万美元的可能损失，我千方百计地想办法，极尽可能把我们的损失减少到最低限度。经反复试验，结果我发现，如果公司再投资5000美元添加一些辅助设备，那损失的问题马上就能够解决了。按照这个办法，每套设备还至少能为公司赚1.5万美元。

如果当时我一直深陷于忧虑中，不但无助于解决这个问题，还会摧毁我的精神，对我来说这是最大的危害。一个人一旦患上忧虑症，思绪就会混乱，接下来就会丧失判断力。我们一旦敢于直视最坏的状况并且勇敢面对它、接受它，就会柳暗花明。把所有可能发生的状况逐一剖析，反而能集中精力解决问题了。

我亲身经历的这件事虽然已经过去了许多年，但是从那时起，我一直都在使用这个方法，因为它对我非常有帮助。此后，生活中我甚至感觉不到忧虑了。

威利斯·卡瑞尔的万能方程式为什么能对人的心理产生这么大的效果呢？它的巨大价值究竟在哪里呢？它的巨大价值在于它把我们从那漫无边际的烦恼和忧虑中拉回到现实中来，让我们走出了忧虑的阴影，找到了自己应该站的位置和现在的处境。它让我们更加理智，并且能够全神贯注地解决问题。假如我们没有认清自己的位置和处境，又怎么能够指望自己有清晰的思考能力来解决好问题呢？

1910年，应用心理学之父威廉·詹姆士离开人世，假如他现在还活着，听到这种面对最坏状况的方法，想必也会赞同的。至于我会这么肯定地说，我是怎样知道的，是因为他曾经说过："要乐于接受那些可能的结果，因为接受现实是克服以后所有不幸与苦难的第一步。"

语言学家林语堂在他那本深受欢迎的《生活的艺术》里也提到了同样的理念。他说："从心理学角度来讲，心里的宁静来自能够面对最坏的状况，因为它能挖掘出人的最大的潜能。"

这句话太对了，确实是这样，它的确可以释放心灵的能量，让人的潜能发挥出来。一旦我们接受了最坏的结果，也就不用担心再失去什么了，这也就意味着有些东西即便失去了，还有希望挽救回来。卡瑞尔说："如果一个人能够接受最坏的状况，那么他的心情会立即放松下来，然后，烦躁的心情也感受到从来没有的平静。到了这个时候，就可以思考了。"

这些话是不是很有道理？可是在现实生活中，仍旧有成千上万的人因为忧虑而被毁。因为他们拒绝接受最坏的境遇，拒绝竭尽全力去挽回自己的损失。不去重新认识自己，不去重新构建自我，而是沉浸在过去的悔恨之中，内心的痛苦折磨着他们，最后让他们成了忧虑症患者。

你是否想知道其他人是如何运用威利斯·卡瑞尔的万能公式来解决自己生活中遇到的问题的？下面这个案例的主人公是我班上的一名学员，现在是一名纽约的石油商人。

"我被人敲诈了，"他说道，"我简直无法相信在电影里才会发生的情况，竟然让我遇见了，真是难以置信的事情，可惜这些都是真的！"事情是这样开始的：

我主管的石油公司有许多辆运油的卡车和很多司机。当时物价管理局制定了相当严格的销售价格，我们运送给每个客户的油量都有限制规定。好像有个别司机给客户运油时，把他们的油克扣下来一些，再将这些油转卖给他们自己的客户，而我对此并不知情。

某一天，一个自称是政府稽查员的人来找我，并向我勒索钱财。他说他拿到了我公司运货司机的舞弊违规证据，他威胁说，如果我不答应给他钱，他一定会把证据送到地方法院。这时，我才知道我的公司里竟然还存在着非法买卖。

对于我自己我并不担心，因为我本人跟这件事没有丝毫关系，正如前面我所说的那样，我对这种非法交易毫不知情。可是，法律规定公司老板必须要对自己的员工行为负责。万一这个案子进入法院到了受理程序，一定会成为各大报刊新闻的头条，这种负面的报道会把公司推向破产的边缘。这个公司是我父亲半辈子的心血，而我一直以这个公司为傲。

当时，我急得生病了，连续三天三夜吃不下，睡不着。我一直在房子里转圈，这件事像一条绳索一样一直纠缠着我，让我左右为难。我是把钱悄悄给他，还是不给他，随他去呢？我无法做出最终的决定。

在一个星期天的晚上，我随手拿起一本叫《如何克服忧虑》的小书，这是我听卡耐基公开演讲课时领到的书。我马上翻看起来，当看到威利斯·卡瑞尔先生的故事，看到里面"面对最坏的状况"这句话时，我自问："如果我不付钱，那个勒索者把违法证据交给了地方法院，那么最糟糕的状况是什么呢？"

答案是：我的公司会因此被毁，但我不至于坐牢。我对自己说："既然这样，我还是承受生意的失败吧。接下来又会是什么情况呢？"

既然公司倒闭了，我就得去找别的工作。这种情况对于我来说并不是接受不了。因为我对石油行业很熟悉，可能有几个石油大公司乐意用我。想到这里，我的心情轻松了。三天三夜的那种忧虑逐渐消散，我的情绪基本稳定了，我又可以清楚地思考了。

突然，新的画面出现在我脑海：假如我对律师说明情况，他会不会给我更好的我没有想到的建议呢？

我决定第二天一早，就去见律师。于是，我上床躺了下来，心情轻松，很快我就进入了梦乡。第二天上午，我的律师建议我直接找到地方检察官，告诉他我的遭遇和处境。令我吃惊的事情发生了，地方检察官说，这样的勒索案连续出现几宗了，你所遇到的那个"政府官员"，其实是警方正在通缉的诈骗犯。听到这个结果，我长长地松了一口气。那三天三夜的忧虑彻底烟消云散了。

这件事给我上了一堂深刻的课，我终生难忘，现在，每当我面临让我忧虑的难题，我就爱用卡瑞尔的万能公式来解决问题。

如果你现在仍然对威利斯·卡瑞尔的万能公式有所怀疑，那么就请来看下面这个小故事吧。

1948 年 11 月 17 日，艾尔·汉斯在波士顿斯帝拉大酒店亲口告诉我他经历的整个事情的经过：

1929 年，常常的忧虑让我得了胃溃疡。一天晚上，我的胃里出了很多血，被救护车送到了芝加哥大学医学院附属医院进行救治。我的体重一下子从170磅下降到了90磅。

我的状况非常严重，医生警告我只能躺着，连头也不能抬。三个医生中有一位著名的胃溃疡治疗专家，他宣称我的病马上就要到无药可救的地步了。他们建议我不能吃这个不能吃那个美食了，并且要放松心情。我每天只能靠吃苏打粉、牛奶和流质食物来维持生命，早晚护士都用一根橡皮管捅进我的胃里，把里面的残渣清洗出来。

一连好几个月，我就是这样在床上度过的。有一天，我想通了一切，对自己说："好好休息一下吧，艾尔·汉斯，除了死，如果还有别的选择，那怎么不在死之前，把没有做过的事情好好做一次呢？你一生最大的愿望就是环游世界，现在再不去做，以后就真的没有机会了。"

当我把环游世界的愿望讲给我的主治医生后，他马上反问道："你真的想去环游世界？"他惊叫起来，"我真的不敢相信，也从来没有听说过这样的事。假如你真的要去的话，肯定会死在旅途中，然后被船上的人抛到大海中喂鱼。"

"不会的，绝对不可能！我已经安排好了一切，我会在身边带上一口棺材，如果在半路我不幸死掉了，我的尸体会被放在棺材里，然后存放在轮船的冷库中冷冻起来。最后，把我送回我的家乡安葬。我已经准备让我的亲友们将我葬在内布拉斯加州家乡的公墓里。"

于是，我便踏上了环游世界的旅途。旅途中我默念波斯诗人海雅姆的诗句：

啊！珍惜、享受眼前的时光吧，在我们化为泥土之前。

黄泉之下，寂寞的泥土下，将再无酒，再无乐，也再无歌者，只有永恒的沉默。

当我在洛杉矶登上了"亚当斯"总统号游轮向东方航行时，我感觉身体好多了。渐渐地，我不用再吃药，也不用再洗胃了。过了没多久，我就能吃任何食物了，甚至就连那些奇特难闻的当地特产我也吃得很香。这些食物都被医生说成可以让我丢了性命，可是我却享受着它们的美味。这样过了几个星期后，我甚至于可以抽长长的黑雪茄了，有时候还可以喝上几杯酒。这么多年来，我第一次感觉到，从未像现在这样痛快享受生活的愉快。旅途中，我们在太平洋遭遇了台风，在印度洋遇到过狂暴的季风。要是我还处于忧虑中，单是恐惧，就可以让我进了棺材。但是，现在这些事情却让我感到很兴奋。

我在游轮上玩游戏、唱歌、交新朋友，夜晚开心地跳舞。当游轮抵达中国和印度，我发现，自己的生活与东方一些地区的饥饿和穷困相比真是有着巨大差别，简直是天堂和地狱的差别。我解除了所有毫无意义的忧虑，心情马上非常放松起来了。

当我回到美国时，我的体重增加了快90磅，也快要忘记了我曾经得过胃溃疡。一生中我从未这么轻松快活过。我马上卖掉了我的棺材，直接投入到工作中去，自从那时候起再也没有生过病。

艾尔·汉斯告诉我，他从来没有听说过卡瑞尔先生和他的万能公式，他是在自己潜意识中运用了威利斯·卡瑞尔克服忧虑的办法。

首先，我问自己：可能发生的最坏的情况是什么？

答案：死亡。

第二，我让自己准备好接受死亡。我不得不这么做，因为几个医生都说我已经没希望活下去了。

第三，我想方设法改善这样的状况。在剩余时间里，我要尽量尽情享受生活中的乐趣。假如我在船上还是继续忧虑下去，那我肯定会被扔进我的棺材，运回老家埋葬了。可是，我放松了自己，抛弃了所有的忧虑。这样心里的宁静，使我体内的活力再次迸发，从而挽救了我的生命。

如果你遇到了让你忧虑的事情，难以摆脱，就应用威利斯·卡瑞尔的万能公式做下面这三件事：

1. 问你自己，可能发生的最坏状况是什么？

2. 如果不得不如此，你就做好准备迎接它。

3. 保持内心的平静，然后竭力想出办法改善这个最坏的状况。

第三章

◦─◦◦◦─◦

忧虑是健康的敌人

很久以前的一个晚上，一个邻居跑来按响了我家的门铃，他让我们一家人赶快去接种牛痘疫苗，以预防天花病毒的伤害。这个邻居是整个纽约市几千名志愿者按门铃中的一员。惊恐的市民排起了长队，等待好几个小时注射疫苗。那个时候，疫苗接种不仅仅在医院，甚至在消防队、警察局以及大型的工厂里都开设了接种站。有2000多名医生和护士夜以继日地忙碌着为大家接种牛痘。是什么事情引起了这么大的骚动呢？原来是因为纽约市里有几个人感染了天花病毒，其中有两个人因此死亡。或者可以这样说，在800万纽约市民中有两人感染了天花病毒而死亡。

我在纽约这座城市已经住了几十年，可是至今没有人来过我家，警告我谨防忧虑症。在过去的几十年中，忧虑症所造成的伤害，要比天花大1万倍，可是，过来按门铃的人都从来没有对我说过：每十个人里就会有一个人因为压力太大而精神崩溃，主要原因就是忧虑。

所以，我现在写下这一章，就当作按响你家的门铃，对你的一种警告吧。

一个人患上忧虑症容易引起各种疾病。诺贝尔医学奖得主阿列克斯·卡尔博士曾经说："不会应对忧虑的商人容易英年早逝。"

其实，何止是商人，家庭主妇、兽医、泥水匠也容易患上这种病。

几年前，我和葛伯医师，当时他是圣塔菲铁路线上的医药主任，一起外出度假。骑摩托车穿过德克萨斯州和新墨西哥州时，我们谈到了这个话题：忧虑对人的影响。他非常感叹地说：

在找医生看病的病人中，有70％的病人只要能够解除自己内心的恐惧和忧虑，他们的疾病都会消失的。不要误会，我不是说他们的病是自己想象出来的，恰好相反，实际上，他们的病像蛀牙一样存在着，有时甚至比牙痛还要严重上千倍。我说的病指的是神经性消化不良，某些胃溃疡、心律不齐、失眠症或者头痛，以及某些麻痹症等。这些病都绝对是真实存在的，我说这些话是有根据的，因为我自己曾经12年来忍受着胃溃疡带来的痛苦。

恐惧使人忧虑，忧虑使人紧张，从而会影响到人的胃部神经，胃液会因此分泌紊乱，长久下去，就会引起胃溃疡。

约瑟夫·蒙泰格博士在他的《神经性胃病》一书中指出："你吃的食物不会让你患上胃溃疡，能使你患上胃溃疡这种病的是你过度的焦虑。"

在对15000名胃病患者的记录进行研究后，梅奥诊所的阿莱瑞博士认为："胃溃疡总是随着人的情绪纠缠着你，而且上下起伏。"有五分之四的人患上胃病是因为恐惧、忧虑、憎恨、自私，现如今胃溃疡已成为置人死地的十大疾病之一了。

我和哈罗德·海恩博士最近有过几份书信来往，他是梅奥诊所的博士。在信中我获知他在全美工业医师协会的年会上宣读过一篇文章，其中说他研究了176位工商界平均年龄在44岁左右的企业高管，大约有三分之一的人由于生活过度紧张而受到了心脏病、胃溃疡或高血压三大疾病的困扰。

竟然有三分之一年龄还不到45岁的工商界的企业高管，受到心脏病、胃溃疡或高血压三大疾病中一个或者两个的困扰。成功的代价何其昂贵呀！一个患有胃溃疡或心脏病的成功人士还算是成功人士吗，就算他赢得了全世界，却损失了自己的身体健康，而获得的一切，对他来讲，又有什么意义呢？即便拥有了全世界，睡觉时每天也只能睡一张床，每天也只能吃三顿饭。这一点就是一个挖水沟的人都做得到，甚至会比那些成功人士吃得更饱、睡得更香。说实话，如果事业的成功需要以身体的健康做代价，我情愿在亚拉巴马州做一个休息时弹五弦琴唱歌的农夫，也不愿意不到45岁就以损害健康换来一家铁路或香烟公司的高管。说到香烟，不得不提一下那位世界著名的香烟制造商，他在加拿大的森林里想轻松一下的时候，因心脏病发作猝死。他拥有几百万的家产，但年仅61岁就去世了。大概他就是用自己的生命换来了事业上的成功的那类人。

在我看来，这个身价百万的富翁还不及我父亲的一半成功。而我父亲不过是密苏里州的农夫。他虽然身无分文却过着快乐的生活，直到89岁去世。

梅奥诊所的医生说，忧虑会引起神经性疾病。现在医院里一大半病床被那些患有神经性疾病的人占据着。可是，在强力显微镜下，他们的神经细胞大都和正常人没什么不同，他们的"神经疾病"并不是神经本身有什么反常，而是因为悲观、焦躁、焦急、恐惧、颓废和忧虑等负面情绪导致身体出了问题。柏拉图说过："医生所犯的最大错误在于，他们只想治疗生理的疾病，而不关心他们精神的疾病。其实，精神和肉体是一体的，是完全不可以分开的。"

医药科学界花费了很多年的时间才明白了这个道理。一门崭新的医学——心理生理医学开始发展，该学科主要是双管齐下，同时治疗精神和肉体。现在的医学已经可以控制由可怕的细菌引起的疾病——比如天花、疟疾、霍乱等曾经夺去了千万人生命的疾病，也就是说，由细菌引起的传染病已经可以得到有效防治。可是令人遗憾的是，医学界无法治疗由忧虑、惧怕、仇恨、不安、绝望等情绪引发的病症。这种情绪引发的灾难正在日益加重，速度之快，非常惊人。

相关部门统计，在美国，第二次世界大战期间征召的年轻人中，每六个人就有一个人因精神问题而无法服兵役。

是什么原因引发了精神失常呢？没有人知道或者能解释清楚。可是从很多病例中可以得出这样一个结论，那就是恐惧和忧虑是造成很多人无法服兵役的重要原因。焦虑和烦躁的人多半没有勇气面对残酷的现实生活，而是退缩到自己的一个小小的幻想世界里，舒缓自己的紧张情绪。

就在我写作这本书的时候，我的书桌上放着一本爱德华·波德斯基医生编写的《解除忧虑抛弃疾病》的书，下面是这本书中的几个标题：

1. 忧虑对心脏的不利影响

2. 忧虑是造成高血压的罪魁祸首

3. 忧虑可能导致风湿病

4. 为了你的胃，减少忧虑

5. 忧虑容易引起感冒

6. 忧虑能导致甲状腺紊乱

7. 忧虑能引起糖尿病

在卡尔·曼宁格博士的著作《与自我为敌》中，卡尔·曼宁格博士对忧虑阐述了自己的认识。曼宁格并没有简述应该如何克服忧虑，而是揭露了很多发人深省的事实，让你看清楚焦虑、仇恨、懊悔、恐惧等情绪对人的悄无声息的身心危害。

忧虑甚至让最坚强不屈的人患病。在美国南北战争就要结束的时候，格兰特将军亲身经历了这个过程。整个过程是这样的：

格兰特将军的部队包围里士满9个多月了，李将军手下的将士衣衫不整，同时忍受着饥饿。眼看就要失败了，李将军部队军心涣散，一些士兵在帐篷里开祈祷会，有些人甚至还看到了种种幻象。最后，他们放火焚烧了里士满的棉花和烟草库，同时还焚烧了兵工厂，在这火光冲天的夜里，他们弃城而逃。格兰特将军率领部队乘胜追击，紧紧追赶，南方军队损失惨重。格兰特的骑兵队从正面阻击敌军，炸毁铁路并截获了南方部队运送补给的火车。

当时，格兰特视力不好，头痛剧烈，他没有办法前行，只好暂时借住在一户农民家里。他在回忆录中，这样写道："整晚我的双脚泡在加了芥末的冷水里，我的两个手腕和后颈敷满了芥末药膏。希望第二天身体能好，头也不会疼了。"

第二天早上，格兰特果然头不疼了，身体也恢复了。可是这却不是那些芥末药膏的功劳，而是有一个人骑马送来了一封信，那是李将军的投降信。"这封信送到农家的时候"，格兰特写道："我的头还疼得厉害，但当我读完了那封信，头疼马上就好了。"

就是忧虑、紧张等情绪使格兰特将军患上了头疼病，一旦他看到了胜利的光芒，消除了忧虑，身体也就恢复健康了。

很多年后，时任罗斯福内阁财政部长的亨利·摩根索也发现忧虑会令他头昏眼花。他在日记里写道，当罗斯福总统为了提高小麦价格每天要求他买进440万蒲式耳的小麦时，他就感到非常担心和忧虑。他写道："只要收购再多进行一天，我的身体就不舒服一天。每天中午回家吃过饭，我都觉得头昏眼花，然后要去睡两个小时。"

假如想看看忧虑到底会对人有什么样的影响，已经不用去图书馆查资料或是问医生了。只要通过我书房的窗户向外看去，就会发现一个附近公寓的男主人因为忧虑而精神崩溃了；而另外一家男主人因为忧虑也患上了糖尿病，股票一跌，他体内的血糖就会突然升高。

法国著名哲学家蒙田当选为家乡的市长时，曾经这样对市民说："我愿意用我的双手为大家服务，但是却不想让日常工作夺去我的身心健康。"

可是我的邻居的血糖时刻被股票的涨跌掌握着，甚至差点丢了性命。

假如你不知道忧虑给人带来的危害有多大，我可以告诉你，现在我的房子的前主人，因为忧虑而早早地进了坟墓。忧虑还会让人患上风湿病、关节炎，让人终生以轮椅代步。

世界著名关节炎专家罗素·希塞博士列举了四种最常见的关节炎病因：

1. 婚姻破裂
2. 财务危机
3. 孤独和忧虑
4. 积怨未消

当然，关节炎并不只是由这些不良情绪引起的，不同的原因造成不同类型的关节炎。但希塞博士认为，上述四种原因是引发关节炎最常见的病因。以我的一个朋友为例，发生经济危机时，我的这个朋友接连饱受打击：煤气公司拒绝给他供应煤气，用来抵押贷款的房子被银行没收。一夜之间，他的夫人突然患上了关节炎，多方治疗都没有一点作用，一直到经济状况有了好转，他夫人的病竟在一夜之间消失了。

忧虑还会带来龋齿。威廉·麦高尼格博士一次在全美牙医协会做报告时说："忧虑、恐惧、积怨等产生的不良情绪会使人体的钙质失去平衡，从而引起龋齿。"麦高尼格博士谈到他的一位病人以前牙齿又白又有光泽，可是他的妻子突然生病住院，他的这位病人在三周内突然长了九颗蛀牙。这证明了忧虑会带来蛀牙。

我曾经亲眼见到过甲状腺机能亢奋的人，他们整个身体都在颤抖，好像受过惊吓一样。甲状腺在调节身体方面有巨大作用，受心情的影响很大。它会让心跳加速，身体就像突然打开了全部通风口的火炉一样，如果不动手术或者采取其他有效治疗的话，病人很有可能像蜡烛一样"燃烧殆尽"而死亡。

前不久，我陪一位患有这种病的朋友一起到费城去找主治这种病38年的著名专家约瑟列·布兰姆医生。在他候诊室的墙壁上挂了一块大木牌子，上面写着对病人的忠告。在候诊时，我把这些忠告抄在了一个信封的背面：

让你身心愉悦的最有效方法：

对自己充满信心；

睡得安稳；

美妙的音乐和欢笑；

乐观的态度；

健康和快乐将会属于你。

约瑟列·布兰姆对我朋友问的第一句话是："你情绪上有没有什么困扰？"之后，他又进一步警告我的朋友，如果他继续忧虑下去，就很可能患上胃溃疡或者糖尿病，还有心脏病等。这位名医说："这些疾病都是共生的，都是互相关联的。"这些疾病都是由忧虑所引发的。

我曾采访过电影明星梅乐·奥白朗，她告诉我说她拒绝忧虑，因为忧虑会摧毁她的美貌，她的美貌是她做电影明星的资本。

她告诉我一段往事：

我刚步入影坛时，内心忐忑，一直担心和害怕。那时我刚从印度来到伦敦，人生地不熟。我当时见的几个制片人，都不愿意用我。我的积蓄很快就用光了。在整整两个星期里，我仅靠吃一些饼干和水来充饥。当时我受到双重的困扰：忧虑和饥饿。我告诉自己："也许你真是个傻瓜，你就不该想去从事电影。你没有经验，没演过角色，除了长得漂亮一些，你还有什么呢。"突然间我发现我的眼角上生出了细小的皱纹，忧虑已损害了我的美貌。

我告诫自己："你必须停止忧虑，你所拥有的只不过是容貌，忧虑足以毁了它。"

没有什么会比忧虑更容易使一个女人老得更快。忧虑会让我们的表情难看，会令皮肤出现皱纹，让人愁眉紧锁，以至于头发变白，甚至于脱落。还会让我们的皮肤黯淡，长满雀斑、粉刺。

心脏病是美国人的头号刽子手。在第二次世界大战期间，死在战场上的美国将士约有 30 万人。而在同一时期死于心脏病的美国平民却有 200 万之多，其中 100 万人是由于忧虑和生活过度紧张而引发心脏病死亡的。所以，正如卡尔博士所说："不懂得如何应对忧虑的人容易英年早逝。"

美国的黑人和华人中很少有人因为忧虑而引发心脏病，这与他们随意心性、宁静淡泊有关。威廉·詹姆士说："上帝可能宽恕我们的所有罪过，而我们的神经系统却不会原谅我们。"

这是一件令人震惊和难以置信的事实：每年死于自杀的美国人比死于最常见的五大疾病的人还多。

到底是什么原因导致这种非正常现象出现的呢？答案是忧虑。

西班牙宗教法庭和德国纳粹集中营曾使用过一种刑罚，他们把俘虏的手脚绑起来，然后将其放在一个日夜不停往下滴水的盛满水的袋子下面。这些不断滴在俘虏头顶上的水，就像用棍子敲打的声响，最终能使那些人精神失常。

忧虑就像不断往下滴落的水，而那不停往下落的水滴，常会使人精神崩溃以至于自杀。

当我还是密苏里州的乡下少年时，有个星期天，我在教堂里听牧师描述地狱烈火的情景，吓得半死可是他从来没有提到那些让我们的身心饱受折磨的烈火。如果你深陷在忧虑中，你总有一天会得让你最痛苦的"心绞痛"。

人要是真的得了心绞痛，一旦发作起来，你会疼得大声尖叫的，但丁的《地狱篇》描写的情景和心绞痛比起来简直太小儿科了，简直不值一提。到那个时候，你就会对自己说："上帝啊！如果我能好起来的话，我将永远不会再为任何事情忧虑。"

你热爱生命吗？你想健康长寿吗？卡尔博士的这句话就是你应该做到的，他说："在现在无比紧张的现代都市里生活的人，只有内心平静的人才不会变成神经病。"

在现代都市的混乱中，你能否保持自己内心的平静？如果你是一个正常的人，你会回答："我完全可以做到。"我们大多数人远比我们想象的更坚强。我们的内心有许多未发现的内在的力量，正如梭罗在他的不朽名著《瓦尔登湖》里所描述的那样：

> 我坚信人们能够通过自己的意志力去改变生存境遇，如果一个人能够充满信心地去实现他的理想，下定决心去追求他想过的生活，他将能够取得梦想的成功。

我相信本书的大多数读者都具有强大的意志力，能像爱达荷州的奥尔嘉·贾薇小姐一样有非凡的表现和内在的力量。她在非常悲惨的境遇中，仍然能够克服忧虑。我坚信，我们也能做得像贾薇小姐一样。我们来讲一下她的故事，故事是她写信告诉我的：

> 大约在8年前，医生告诉我将不久于人世，我会在

漫长的痛苦中被癌症折磨致死。当时国内最著名的医学专家梅奥兄弟证实了这个诊断。看来我只有等待死亡。可是我还很年轻，不愿意死。绝望之余我打电话找主治医生倾诉我内心的绝望。他非常不耐烦地打断我："你怎么啦，你真的一点儿斗志都没有了吗？你如果还像这样一直哭下去，你会真的死定了。不错，你的情况格外糟糕，但事已至此，不如直面现实，不要只顾担心，应该想想如何应对和改善它。"

听到这里，就在那一瞬间，我发了誓言，指甲深深掐入肉里对自己发誓："我绝不要再忧虑！没有必要去担忧，我要坚持到底，一定要活下去，我必须活下去！"

当时的治疗方法无法使用镭照射，通常是用 X 光照射 10 分半钟，30 天为一个疗程。医生为我安排的是每天照射 14 分半钟，49 天为一个疗程。我瘦得皮包骨头，两脚沉重得像灌了铅一样。我却不再忧虑，一次也没流泪。我面带微笑，是的，虽然笑得有点勉强。

我并没有傻到认为只要微笑就能治疗癌症，但是我相信心情的乐观有助于抵抗疾病的入侵。归根结底，我经历了一次治愈癌症的奇迹。

现在的我比过去几年活得更快乐、更健康。我要感谢那句激励我去挑战自我的话："不如直面现实，停止忧虑想办法改善它。"

　　在这一章结束之时，我想再一次重复卡尔博士的那句名言："不会应对忧虑的人，往往容易英年早逝。"卡尔所说的也许就是你！

　　假如你想拥有一个身心健康的人生，那么就让忧虑远离你。

第二篇

分析忧虑的方法

第一章

问自己几个有关忧虑的问题

　　前面所讲的卡瑞尔万能公式能够解决全部的忧虑吗？实际上那是不可能完全实现的！

　　那么，除此以外还有没有更好的解决办法呢？首先我们要了解分析忧虑的三个步骤，才能更加轻松地解决忧虑所带来的麻烦。这三个步骤是这样的：

　　第一，我们要查明内心忧虑的真相。

　　第二，对这些真相进行分析。

　　第三，待我们做出决断后，应当马上付诸行动。

这个方法非常实用，亚里士多德曾经将这个方法传授给很多人，人们都觉得极其奏效。如果你经常被忧虑困扰，不妨也试试这种方法。

要弄清楚让你忧虑的真正原因，也就是查明让你忧虑的真相，这一步非常关键，因为如果我们不清楚事情的真正原因，就不会以理智的态度来对待忧虑。

哥伦比亚大学的赫伯特·霍克斯近几年一直将这种方法作为主要手段，成功地解决了20万名学生的忧虑问题。他认为："导致忧虑的主要原因就是困惑。人们的忧虑大多数都是在并不清楚真相的时候产生的，还有就是由于自己妄下判断。如果下周二的下午3点，我有问题需要解决，我一定不会在这之前做出任何的决定。在这期间，我会想方设法把与此有关的事实查清楚。我不会因为此事感到烦恼，也不会因为此事失眠，我会把所有的精力都投入到查清真相中。当周二到来的时候，大部分问题都已经得到解决，因为我已经把整个事件的全部经过都梳理得差不多了。"

我问霍克斯这是不是意味着他不会再因为忧虑而烦恼了呢，他说："没错，可以说现在忧虑已经彻底远离了我的生活。我深信，如果人们能够认真地把内心深处的忧虑弄清楚，这些忧虑最终都会被理智所战胜。"

我再次重复一遍："如果人们能够认真地把内心深处的忧虑弄清楚，这些忧虑最终都会被理智所战胜。"

那么，我们应该如何去做呢？爱迪生曾经说过的一句话，值得我们借鉴。他是这样说的："除了思考以外，没有其他的方法。"

猎犬通常都不会在意周围有关的环境，它们往往都只关注于眼前的猎物。如果我们不能理智客观地弄清事情真相，就如同猎犬一样。所以，我们就会很轻率地做出判断。

法国作家安德烈·莫卢瓦说："人们通常都愿意相信那些符合个人意愿的事情，而不愿意相信那些不符合自己意愿的事情。"这样一来，我们找不到解决问题的方法就十分正常了。

我们应该如何去做呢？思考问题的时候最怕的就是冲动，我们要像霍克斯所说的那样，要让我们的头脑客观理智地思考问题。

想让正处在忧虑之中的人做到客观理智地思考问题并不是一件容易的事情，因为在这个时候，他们的思想是受他们的情绪控制的，我知道有两种方法，可以让我们的态度客观理智，能让我们把事实看得更清楚。

第一种方法，当我们在调查事情真相的时候，可以看作是在帮助别人收集资料，这样就可以使我们在看待事物的时候，不受自身情绪的影响，而是保持公正客观的态度。

第二种方法，如果一定要在忧虑的时候调查事实真相，我会尝试着站在对方的立场，为对方辩护，换个说法就是，我要把对自身不利的因素弄清楚。虽然这些事情违反了我的初衷，我也不喜欢这样做，但是我还必须要这么做。

之后你就会惊奇地发现，当你把事情的正反两方面因素都记录下来的时候，事情的真相往往就隐藏在两个极端之间。

需要重点指出的是，无论是你我，还是爱因斯坦，或者是美国最高法院的法官，在没有查清楚事情真相的情况下，都不能做出理智的判断。爱迪生离世后留下了 2500 多条记录各种事实依据的笔记。

所以，弄清楚事情的真相是解决问题的第一步。霍克斯的忠告我们要牢牢地记住：在事实真相没有客观理智地查明之前，一定不要轻易下结论。

然而，只是将事情真相查清楚，但并没有对真相本身加以分析，对我们也是没有任何好处的。

经过长时间的精心研究，我发现把已经查清楚的事实以及所面临的问题记录在纸上，可以更有效地对事情进行分析，帮助我们做出正确的判断。发明家查尔斯·凯特林说："把问题的条理弄清晰，就相当于解决了一大半问题。"

盖伦·李奇费尔德是一位取得了很大成就的美籍商人，他是我的一位老朋友，在远东做生意。1942 年，日本开始侵略上海的时候，他就已经在那里做生意了。他对我讲述了他那时的一段经历：

日军刚刚偷袭完珍珠港，就马上攻占了整个上海。那时，我正在上海亚洲人寿保险公司担任经理。日军派来一位海军上将做"军方账目会计"，还让我协助这位海军上将将公司的全部资产进行清查。

当时，我并没有其他的选择，只好服从命令。然而，有一笔 75 万美元的保证金，我没有列进清单里面，因为这笔钱是属于香港分公司的，与上海公司毫无关系。当时我非常害怕，担心如果日军发现了这笔账，我会受到严重的惩罚。后来，真的被他们发现了。那个时候，我正好没在办公室，只有我的主管会计在场。

事发之后，那个会计对我说，日军查出这笔账时，那个海军上将大发脾气，大声地骂我是叛徒！还说我居然和他们作对！他们要将我投进桥头堡里，当时我的大脑一片混乱！

很多人都知道，桥头堡是日军的酷刑房，之前我有几个朋友，宁可选择自杀也不要被关到那里去，还有几个朋友进去还不到10天，就活活地被折磨死了。

现在，我也快被关到那里去了。

我真的不知道该如何应对。这件事情我是周日下午才知道的，如果想不出来更好的办法，我真的会发疯的。我来到桌子前面，用打字机打了两个问题并自己做出了回答：

1.现在让我感到忧虑的是什么？

2.面对现在这种状况，我应该怎么做？

之前我就总喜欢自问自答，总是习惯把问题以及答案写在同一张纸上面，以便帮助自己梳理思路。周日下午，我回到了上海的住处，也一如既往地在打字机上面打字：

1.现在让我感到忧虑的是什么？

明天一早，我也许就会被扔进桥头堡里面。

2. 面对现在这种状况，我应该怎么做？

我认真思考了很长时间，把在这样的情况下，我可能用到的对策总结出来四点，并且还把可能会产生的结果都打了出来：

a. 把所有的问题跟日本的那位海军上将都一一地解释清楚。但是他听不懂英文，如果找别人来给他翻译，一定会因此惹怒他。如果他是一个非常凶残的人，他肯定会把我关进酷刑室的，不会给我解释的机会，到了那个时候我肯定是没救了。

b. 溜之大吉。现在他们一直在监视着我的行动，每天出入他们都要检查。如果我逃走的话，一旦被他们抓住，马上就会被枪决的。

c. 在寓所里躺着，不去办公室。这样做肯定会引起那位海军上将的怀疑，说不准他还会派人来逮捕我，如果真是这样的话，他肯定会让人把我送去桥头堡的。

d. 装作什么事都没发生过，就像平常一样去办公室。也许这家伙会因为太忙而把这件事情忘了。即使他会想起来，他也许会平静下来的。如果他追究这件事，我再向他解释也是可以的。所以，星期一的时候我就像往常一样去上班，假如没有出现什么意外的话，我就不用去桥头堡了！

我把思路理清以后，决定按照第四个策略去做，即星期一的时候像往常一样去办公室。决定之后，我感觉立刻轻松了很多。

当我走进办公室的时候，看见海军上将正在抽烟，他像往常一样一言不发地看着我。真是幸运，过了六个星期后，他被调回了东京。

我的忧虑终于消除了。当然，这也是在我的意料之中，是我救了自己。那个星期天的下午，我把所有能想到的办法以及所预料的后果，全部都整理打印出来，然后我非常理智地做出了决定。假如不是这样做，我肯定会手忙脚乱的，也许还会做一些傻事，把自己送上了断头台。如果我事先没有认真地想清楚再做决定，那个周日我也会焦躁得连觉都睡不着，周一早上我也会带着一张忧虑的脸到办公室去，如果那样的话，肯定会使那个海军上将怀疑的，那将对我非常不利。

经验告诉我，要做出可以解决问题的决定。如果没有做出最终的决定，只是一直在原地打转的话，那就是自己给自己找麻烦，会给自己带来非常糟糕的后果。对我而言，做出了决定，就等于消除了一半的忧虑，下定决心实施以后，另外一半的忧虑基本也就消失了。

所以，我选择四个步骤来解除忧虑：

1.把现在让我忧虑的事情清楚明白地写出来。

2.把面对这样的情况，我能做些什么也写出来。

3.对比之后，做出决定。

4. 立即实施所做出的决定。

在那以后，李奇费尔德担任了斯达·帕克·费里曼公司的远东区总裁，由他负责保险业务，后来，他成为了亚洲地区知名度很高的美国商人。他说，他之所以能取得那样的成就，就是因为自己善于使用这种方法。

他的方法到底会起到什么作用呢？他的方法非常具体实用，可以直接触及问题的实质，第四个步骤——立即实施所做出的决定，是这个方法的关键。查明事实，分析事实，立即行动，要将这三个步骤有效地结合起来才可以。心理学家威廉·詹姆士说："一旦想好了如何去应对，就要马上行动起来，千万不要犹豫不决。"

俄克拉荷马州非常有名的石油大亨怀特·菲利普斯曾经对我说过他实施自己做出的决定的有效方法："思考问题要适度，否则会使自己迷惑、忧虑。有些时候，大量的思考和验证是没有用的。我们不能总是犹豫不决，必须要快速做出决定并且实施决定。"

想让忧虑远离自己，不妨试试李奇费尔德的方法。

步骤 1：是什么让我感到忧虑？

步骤 2：面对这样的情况，我应该如何去做？

步骤 3：要不要行动？

步骤 4：什么时候开始行动？

第二章

让你的工作忧虑减半

如果你是个生意人，职业者，看到这个标题后，会对自己说："这个标题太荒谬了。我的职业经历已经十几年了，对于如何解决这一问题，我再清楚不过了，可现在竟然有人想要告诉我怎么消除工作中出现的一半的麻烦——简直是荒谬绝伦。"

这样的反驳一点也不错。如果我在几年前看到这样的标题，也会有这样的感觉。这个标题给出了一个很有吸引力的承诺，而承诺往往只是一种吸引。

我坦白讲：也许我的确不能帮你解决生意上 50% 的忧虑，因为要解决自己的问题，除了自己，没有人能做到这一点。可是，我所能承诺的，只能是让你看看别人是怎样做的，剩下的就是你的事了。

在我过去的谈话中，我曾经引用过闻名世界的亚力西斯·柯瑞尔博士的一句话："那些不知道怎样去消除忧虑的人都不会活得太长久的。"

既然焦虑的后果如此严重，那么，如果我能帮你消除其中的一部分，即使只有10%，你也不会反对吧？好！好！接下来我将告诉你的就是一位企业主管如何消除了一半的焦虑，同时成功地节约了过去用于开会时间的75%。

此外，我不会给你讲什么"约翰先生""某先生"或者"我认识的一个俄亥俄人"的故事，这些故事背景太过于虚幻无从查证，现在我讲的这个故事发生在一个活生生的人身上——里昂·史恩肯，他是坐落于纽约洛克菲勒中心的、美国最著名的出版公司之一的西蒙舒斯特出版公司的前合伙人和总经理。

下面就是他的一些经历，他说：

15年来，我每天花在工作上的时间有一半以上是开会和讨论问题，什么我们该做这个还是该做那个，还是根本什么都不做？会上每个人都被搞得很紧张，坐立不安，走来走去，彼此辩论，绕圈子。直到夜幕降临时，个个感到筋疲力尽。我以为，这可能就是工作，每个职业人都绕不过去，我将在这样的事情中度过我的后半辈子，从来没想事情可能会有更好的解决方法。如果有人对我说我可以减去这些令人焦虑的会议 3/4 的时间，可以消除 3/4 的精神压力，我一定会认为他是一个空口说白话的白痴。但尽管我是这样认为的，可在现实中还是制订出了一个恰好能做到这一点的方案。而结果还真像"白痴"说的那样，现在这个办法我已经用了 8 年，对我的办事效率、我的健康和快乐，都有意想不到的好处。

这听上去很神奇，但是，这就像所有神奇的把戏一样，看上去深不可测，可当你看到它的谜底时，你会发现，其实它简单至极。

下面就是我的方案：第一，我立即停止 15 年来我们会议中所一直沿用的程序——所有的与会者先列举一遍出了问题的环节的所有细节，最后以"我们该怎么办？"这个问题结束发言。第二，我提出一个新的要求——所有向我反映问题的人必须先准备并提交一份书面材料，材料中必须写清楚以下问题：

1. 究竟出了什么问题？

过去人们常会围绕一个令人烦恼的问题讨论上一两个小时，却没人具体、确定地知道真正的问题是什么。我们总是在连问题是什么都没有搞清楚时就不断谈论自己的麻烦，从而将自己置于焦虑之中。

2. 存在的问题是由什么原因引起的？

在我回顾自己的职业经历时，我吃惊地发现自己在那些令人焦虑的会议上浪费了很多时间，但却从未试图弄清楚问题的根本状况是什么。

3. 这些问题可能有哪些解决办法？

过去，针对某一问题，如果有一个人在会上建议采用一种方法时，接着就会有另一个人起来和他争辩，接下来的谈话就会带上火药味。辩论常常跑题，新的解决问题的方法没得到阐释，先前有人提出的方法也没了，会议结束的时候，也不会有人能记录下一些能够让我们解决问题的方法。解决问题的会议变成了无聊的扯淡！

4. 你建议用哪种办法？

我与一位同事参加过一个会议，他花了近三个小时的时间为某一情况担忧，不断地在这个问题上绕圈子，但却从未对所有可行的方法进行思考，最后在纸上写下"这是我建议的解决方案。"

现在，我的同事们很少向我反映问题了。为什么呢？因为他们发现，在新的反映问题的要求得到执行时，他们要反映的问题多数在整理材料时就已经找到解决办法了。等他们做完这些，他们会发现有3/4的情况是根本不需要向我咨询的，因为合适的解决方法已经是水到渠成，不需要再开会解决了。即使非讨论不可，所花时间也不过是过去的1/3，因为讨论的过程有条理而且合乎逻辑，最后得出一个理性的结论。

现在在我们公司中，关于焦虑和到底什么地方出错了的谈话，花费的时间比以前少多了，更多的时间，人们在做的是让事情步入正轨。

我的一位保险人朋友弗兰克·贝特格告诉我，运用类似的方法，他不仅减少了工作烦恼，同时还获得了较以前2倍之多的收入。

几年前，弗兰克·贝特格说："我刚开始推销保险的时候，对这份工作充满了热情和专注。后来在工作中发生了一些事，使我非常气馁以至于开始看不起这份工作并考虑要放弃这个职业。我想如果不是那个星期六的早晨，我坐下来尝试去找出自己忧虑的根源，然后调整了心态的话，我就已经放弃了。

"我是这样调整心态的：

"我首先问自己：'问题到底是什么？'问题是我并没有从消耗了自己大量的时间的电话当中获得相应的回报率。在我开始向顾客推销的时候，总是看上去谈得不错，可一旦快要成交时，他们就会对我说，'我再考虑考虑，贝特格先生，你下次来再说吧。'我又不得不在接下来的电话上继续花费很多时间，这让我觉得很烦心。

"我问自己：'有什么可行的解决办法？'回答之前，我必须得先了解一下这些问题所处的境况，这样我要重新审视一下过去的工作日志，这时我吃惊地发现，这上面清清楚楚地反映出，在我所卖的保险里有70%是在第一次见面时成交的，另外有23%是在第二次见面成交的，而那些让我忙忙碌碌、空耗时间，但却不见一点业绩的都是第三、第四、第五次见面才达成的交易，这些只占 7%。换句话说，我几乎一半的工作时间只换来了 7% 的销售业绩。

"'结果是什么？'结果其实很明显，我立刻停止了第二次以后的拜访，而将空出的时间用于寻找新的顾客。结果让人难以置信，在很短的时间内，我就使每次拜访获得的收益提高了将近一倍。"

正如我前面提到的，弗兰克·贝特格已经是美国优秀的人身保险销售员之一了，每年销售的保险业务都在 100 万美元以上。可是他曾经差点就放弃了自己的职业。最后他分析了自己的问题，然后推动自己重新走上成功之路。

你也可以将这些问题运用到你自己的工作问题中，再一次重申自己提出的挑战——它们真的可以使你的忧虑减少 50%。而对此，你要做的只是提出：

1.问题是什么？

2.问题的成因是什么？

3.可能的解决问题的方法有哪些？

4.你建议用哪一种方法？

第三篇

如何消除忧虑

第一章

把忧虑从内心中驱赶出来

　　我的学生马利安·道格拉斯跟我分享了他所经历的两次不幸，第一次不幸是他非常疼爱的女儿离他而去，他和他的妻子都难以接受这个现实。10个月以后，上帝又赐给他们一个女孩，更不幸的是第二个女儿也仅仅存活了5天就夭折了。

　　他完全不能接受这样一次又一次的打击。"我实在是无法承受，"这个父亲告诉我，"我吃不下，睡不着，我的精神受到了严重的创伤，我丧失了全部的信心和希望。"无奈之下，他去找医生。医生建议他服用安眠药或者出去走走。这两种方法他都尝试了，但是并没有减轻他的痛苦。他说："我感觉就像一只大钳子把我的身体紧紧夹住一样，而且越来越紧。"如果你也经历过这样的悲伤或者麻木的感觉，你就能理解他的感受了。

值得庆幸的是我还有一个 4 岁大的儿子，他帮我缓解了紧张和痛苦。那是一天下午，由于过度伤心，我一直在呆坐着，我的儿子向我跑来说："爸爸，你可以帮我做一只玩具船吗？"我实在没有心情。其实，当时我对所有的事情都没有心情。但是我的儿子太能缠人了，我实在没有办法，只能答应了他。

做一只玩具船大约花费了 3 个多小时的时间。船做好以后，我突然感到这 3 个多小时是我近几个月以来心情最放松的时刻。这个大发现把我从噩梦中带了出来，我思考了很长时间，这是我近几个月以来第一次这样思考。我意识到，如果我忙于做一些需要动脑子的事情，几乎就会把忧虑忘掉了。是那只玩具船把我的忧虑击退了，所以，我决定让自己变得忙碌起来。

第二天，我认真地观察了家里的每一个房间，并把所有需要处理的事情都在纸上列出来。我发现家里有很多小东西都需要修理，比如，书架、楼梯、窗帘、门、锁头、水龙头等等。真是意想不到，短短两个星期的时间，我竟然列出了 242 件需要处理的事情。

我花了两年时间把大部分的事情都完成了。另外我还参加了一些很有意义的活动：每个星期抽出两个晚上去纽约市参加成人教育班，还参加了小镇上的一些活动。现在，我已经成为校董事会的主席，需要出席很多的会议，此外，还要协助红十字会以及其他机构的募捐活动，忙碌让我完全忘掉了忧虑。

这也是丘吉尔在每天工作的时间长达 18 个小时的时候所说的，当有人问他是否在为沉重的责任而忧虑时，他的回答是："我忙得根本没有时间忧虑。"

查尔斯·柯特林在研究汽车的自动点火器时，也遇到了同样的情况。柯特林先生在一家通用分公司担任副总裁，最近才退休。然而他当年可是一个穷光蛋，他把粮仓以及堆稻草的地方作为实验室，一家人的生活都靠妻子教钢琴赚的钱来维持。后来，他抵押了自己的人寿保险，还借了 500 美元的贷款。我曾经问过他的妻子，在那段日子里，她的生活是不是充满了忧虑。"是的，"她回答说，"我甚至担忧得不能入睡，但是柯特林却一点都不担忧，他每天都埋头于工作中，忙得根本没有时间忧虑。"

著名科学家巴斯特曾经说："图书馆以及实验室可以让我们感到平静。"为什么在那里可以让我们感到平静呢？因为人们在图书馆以及实验室的时候，大多都会忙于自己的工作，根本没有担忧的时间。所以，做研究工作的人几乎不会感到精神崩溃，因为他们的时间不允许他们去"享受"这么"奢侈"的东西。

那么，"保持忙碌"为什么会消除忧虑呢？从心理学角度来看，有这么一个最基本的定理：不管一个人多么聪明，都无法同时去思考一件以上的事情。如果你不认可这个观点，我们就来做一个实验：假设你在椅子里坐着，闭着眼睛同时想自由女神的形象以及你明天早上的计划。

很快你就能得出结论：你只能轮流地想每一件事，并不能在同一时间思考两件事情，不是吗？从情感上来说，也是这样。我们在认真地做着使人高兴的事情的同时，不可能还会受到忧虑的牵绊。一种感觉总会被另一种感觉挤出去，就是这样简单的发现，使军队的心理治疗专家们在战争时期创造了伟大的奇迹。

由于受到战场上的打击，一些官兵患上了神经衰弱症，这种情况被称为"战场神经衰弱症"。军队的医生把"让他们忙碌起来"作为治疗这种疾病的主要方法，具体就是让这些精神受到创伤的人们除了睡觉之外，不停地忙碌，没有一分钟的空闲时间，钓鱼、打猎、摄影、打球、跳舞、养花，等等，让他们根本没有回忆那些可怕经历的时间。

心理医生也主张用繁忙的工作来治疗这类疾病。当然，这个方法也算不上新颖，早在公元前 500 年，这个方法就被古希腊的医生所应用了。

同样的方法在富兰克林时代的费城教友会教徒中也被采用过。1774 年，有个人去参观教友会的疗养院时发现，那些精神病患者正聚集在一起忙着纺纱织布，他大吃一惊。原本他认为教友会把这些可怜的人们当成了劳动苦力，但是教友会的人对他说，因为那些精神病患者只有在不停工作的时候，病情才会有一些好转，因为工作可以使他们的精神得到放松。

当人们的大脑空出来的时候，立刻就会有东西补充进去。这些东西会是什么呢？当然，大多数情况下，都会是你的感觉。这是什么原理呢？因为我们的各种情绪都被思想控制着，比如说忧虑、恐惧、憎恨、忌妒以及羡慕等，这些情绪极其猛烈，它们很快就会让我们大脑中全部平静和快乐的情绪都消失。

詹姆士·穆歇尔是哥伦比亚师范学院教育系的一名教授，对此他曾经说得非常明白："你最容易受到忧虑伤害的时候，并不是在你一天忙碌的工作中，而是在你的工作做完以后。因为那个时候，是你的思想最为混乱的时候，那个时候最容易使人胡思乱想，甚至会将你之前犯过的一个小错误都加以夸大。"他还说道："在这个时候，你的思想就如同一辆空载的车子，会到处乱冲乱撞，甚至自己都会因此被撕成碎片。怎样才能让你摆脱忧虑呢？最好的办法就是不要让自己闲下来，尽量多去做一些有意义的事情。"

实际上，这个道理不仅仅被大学教授认可并加以运用。二战时期，有一次我从纽约前往密苏里农庄，在餐车上，我碰到了一位家住芝加哥的家庭主妇。她对我说，她发现"消除忧虑最有效的办法，就是让自己忙碌起来，去做一些有意义的事情"。

这位太太给我讲述了她的经历：她只有一个儿子，她的儿子在珍珠港事件的第二天就加入了陆军。那个时候，她每时每刻都在担忧她的儿子，她的健康问题因此受到威胁。她每天都不停地想，我的儿子在什么地方？他是不是安全？他正在做什么，会不会是在打仗？他有没有受伤或者死亡？

我问她是如何排除忧虑的。她回答说："我让自己忙碌起来。"她具体是这样做的：她首先辞退了家中的女佣，本来试图通过做家务让自己忙碌起来，但是经过尝试，效果并不理想。"最主要的原因是，当我在做家务事的时候，完全不需要用心去思考，大多都是机械式的，当我在铺床或者洗碗的时候，心里还是一直担忧儿子的安危。后来我意识到，如果想让自己在一整天的时候里都能感到身心忙碌，只有开展新的工作才能发挥作用，所以，我选择到一家大型商场里面去做售货员。"

她说："这样一来，我的生活发生了巨大的转变，就好像掉进了大漩涡里面一样，每天忙碌得停不下来，顾客总是挤在我的四周，不停地向我询问各种各样的问题，比如价格、尺码、颜色等等，一整天我马不停蹄地忙个不停，甚至没有一秒钟的时间去想工作以外的事情。一直到晚上，我也只会想如何才能使我那双劳累的脚消除疲劳。所以每天吃过晚饭以后，我立刻就会倒在床上休息，这样我就没有时间和体力再去忧虑了。"

就像约翰·考伯尔·波斯在他的作品《忘记不快的艺术》中所说的："舒服的安全感，内心的宁静，由于快乐所以反应迟钝的感觉，诸如此类都可以让人们在全身心地投入工作时精神镇静。"这位家庭主妇所察觉到的和专家们所说的完全一致。

若能可以做到这一步，是极其幸福的事情。世界上非常有名的女冒险家奥莎·汉逊近期也以她的亲身体验告诉我她是如何从忧虑和悲伤中解脱出来的。读过她的自传《与冒险结缘》的人一定会明白她所说的意义，如果真要找出哪个女人能和冒险结缘的话，肯定非她莫属了。

奥莎 16 岁那年嫁给了马丁·汉逊，她的丈夫抱着她在堪萨斯州查那提镇的街上走了很长的时间。25 年过去了，这对来自堪萨斯州的夫妇走遍了全世界，他们还在亚洲和非洲拍摄了逐渐绝迹的野生动物的纪录片。

9 年前，他们回到美国后，便开始在国内进行旅行演讲，而且还播放了他们拍摄的电影。不幸的事情发生了，当他们搭飞机从丹佛城飞往西岸途中，飞机撞了山，奥莎·汉逊伤了腿，而她的丈夫当场死亡。面对这场悲剧，医生们都说奥莎永远都不会下床了。事实证明，医生们错了，他们并没有深入地了解奥莎·汉逊。实际情况是仅仅 3 个月的时间，奥莎·汉逊就坐着轮椅，在很多人的面前又开始了演讲。在那段时间里，她坐在轮椅上竟然做了超过 100 次的演讲。当我询问她为什么会选择这样做时，她的回答是这样的："我这么做的主要目的，就是为了使自己没有时间去悲伤和忧虑。"

奥莎·汉逊还发现生活在 19 世纪的丁尔生也在诗句里说过类似的话："不要让自己在绝望中挣扎，要让自己沉浸在工作中。"

如果我们只是一味地在那儿不停地发愁、伤心，而不能想方设法使自己忙起来的话，肯定会有接二连三的烦恼向我们扑来，达尔文把这样的行为称为"胡思乱想"，而这些"胡思乱想"就如同妖魔鬼怪一般，它们会让我们的思想更加空虚，摧毁我们的行动力和意志力。

如果我们想法让自己紧张忙碌起来，那么你的血液就会开始循环，思想也会变得敏锐起来。紧张忙碌是最好的良药，当然，也是最实惠有效的一种药。

同样的道理，海军上将拜德在南极的时候也察觉到了。那个时候，南极的冰雪特别厚，天气极其寒冷，拜德一个人在一间小屋里面孤单地生活了5个月。一望无际的南极雪地，隐藏着大自然最古老的奥秘，美国和欧洲的面积加在一起都没有南极大陆面积大。在这5个月的时间，在他居住的地方方圆100英里以内，他都找不到除了自己以外的任何生命存在的痕迹。气温实在是太低了，当寒冷的风吹过他耳边的时候，他好像能感受到自己呼出的气已经在风中凝固了。拜德把自己那饱受煎熬的5个月都记录在《孤寂》一书中，他总是想方设法让自己不断地忙碌，因为他很清楚，如果不这样，自己肯定会疯掉的。他写道：

> 每天晚上睡觉之前，我都计划好第二天的所有工作。比如，花一个小时的时候修理逃生通道，再用一个小时的时间清理装燃料的油桶，再用一个小时的时间在储藏室旁边的洞穴里挖一个洞穴用来储藏书，然后再用两个小时的时间修理雪橇……
> 我就是用以上我所说的这些工作，来打发难熬的日子，效果特别的好，最后我甚至有种可以适应这里的生活的感觉。假如没有事情可做的话，生活就会失去方向，

自己也会随之失去理性，最终会使人的精神崩溃。

在我们的生活中，如果遇到使自己忧虑的事情，那么，我们可以尝试一下"工作疗法"，以帮助我们缓解心理压力。哈佛大学医学院教授李察·科波特博士也说过："作为一名医生，每当发现通过自己有条不紊的工作，让很多人从焦虑、犹豫、恐惧的不良情绪中走出来，我都会为自己的成就感到欣慰。工作可以给人们带来无穷的力量和勇气，就像爱默生说的'依靠自己'。"

我有一个朋友是纽约的商人，他就是用这种"让自己一直都处于忙碌的状态"的方法，来避免很多烦恼和忧虑的。我的这位朋友就是柏尔·朗曼，也是我成人教育班里面的学员。下课以后，我和他一起吃晚饭。在餐厅里，我们一直聊到深夜，他把自己如何摆脱忧虑的经历讲给我听：

18年前，我患上了失眠症，主要是我过度的忧虑造成的。那个时候，我时常会感到特别的郁闷，而且还莫名其妙地发脾气，一直都处于恐惧不安的状态中，我觉得自己的精神马上就要崩溃了。

那时，我在王冠水果公司担任财务主管，公司投入了50万美元用来生产罐装的草莓罐头。近20年以来，冰淇凌厂家一直都购买我们公司生产的草莓罐头。让人意想不到的是，我们的销售量突然开始大幅度下滑，原因是一批冰淇凌制造商为了降低成本和增加产量，不再购买我们公司的产品了，他们自己直接到市场上去购买桶装草莓。

这样一来，我们公司储存的价值50万美元的草莓罐头就没有办法销售出去，而且我们之前已经和草莓供应商签订了合约，一年之内，我们必须继续买进价值100万美元的草莓。我们在银行的贷款金额已经超过35万美元，如果情况一直得到不改善的话，我们公司肯定无法还上这笔贷款，所以我每天都在为这些事情焦虑不安。

我们公司有一个位于加州的工厂，我到了那里把市场上突变的情况和董事长汇报了一番，告诉他我们公司目前正在面临着破产危机。但是董事长却不肯相信这些，把所有的责任都推到了纽约公司业务人员的身上。

经过我几次三番的劝阻，他终于决定停止生产这种草莓罐头，把买来的新鲜草莓送往旧金山的鲜果市场上去销售。这样一来，我们公司的大部分困难都得到了解决，按理说，我应该能够放松一些了，但是我的忧虑却丝毫没有得到改善。忧虑就如同患上了毒瘾一样，一旦沾上就再也无法摆脱。

当我回到纽约后，有很多的事情都使我担忧，包括公司从意大利购买的樱桃以及在夏威夷购买的凤梨等，都会让我担心得无法入睡，我的精神已经到了崩溃的边缘。

最后，我做了一个很明智而有效的决定，我决定彻底改变以往的生活方式，把自己的生活重新规划了一番，我把自己所有的时间和精力都花在工作上面，不给自己留有忧虑的时间。以前，我每天工作只需要花费7个小时的时间，现在我让自己每天工作的时间都超过15个小时。从早上8点开始一直工作到深夜，并且还会做一些别的有意义的事情。这样一天下来，每次我回到家的时候，整个人已经特别疲惫了，身体只要一挨到床就会睡着。

3个月过去了，我所有的忧虑都已经消失不见了，所以，我就把工作时间重新调整到7个小时，过去的18年，我从来都没有忧虑或者失眠过。

萧伯纳曾经说过的一句话特别有道理，他说："很多人之所以过得不快乐，是因为他们实在是太闲了，他们有太多的时间去思考自己是不是幸福。"实际上，很多东西真的没有必要过多地考虑，尽可能使自己忙碌起来，血液也会因此加速循环，思路也会更加清晰。让自己不停地忙碌是治疗忧虑最实惠，也是最有效的药物。

因此，让自己不再忧虑的第一个原则就是：尽可能使自己忙碌起来。让忙碌把忧虑从心中驱赶出来。

第二章

不被琐事所困扰

在短暂的人生中，我们不要把时间浪费在一些无关紧要的琐事上面。罗勒·摩尔给我们分享了一个非常具有戏剧性的故事：

1945 年 3 月，我开始了人生中最重要的一课。我的课堂就在中南半岛的旁边一片大约有 276 英尺深的海底。那个时候，我和另外 87 个人都在"贝雅 318 号"潜水艇上。雷达提示有一支日本舰队正在向我们这边驶来。天刚要亮的时候，我们决定把潜水艇升出水面向日军发起攻击。我们从潜望镜中看到日本有驱逐舰、油轮以及布雷艇各一艘。我们朝着那艘驱逐舰发射了3枚鱼雷，可惜的是并没有击中目标。令我们感到高兴的是，那艘驱逐舰并没有意识到自己的处境，还在继续航行。我们又把攻击目标锁定在行驶在最后面的那艘布雷艇上。突然，有一架日本飞机向我们飞来，在60英尺水下的我们被它发现了，他们还通过无线电把我们所在的位置通知了那艘布雷艇。为了避免再次被侦查到，我们不得不潜到150英尺深的地方，与此同时，我们还得想办法应对敌舰投下的深水炸弹。全部的舱盖上都增加了几层栓子。为了顺利下潜，我们必须保持绝对的静默，我们把所有的电扇、整个冷却系统、所有的发电机都关闭了。

过了3分钟，在海底深处的我们突然感到如同天崩地裂一般。在潜水艇四周有6枚深水炸弹相继爆炸，一直把我们压向海底。所有人都心惊胆战，因为在大约100英尺深的海水里受到攻击，是一件极其危险的事情。如果下潜的深度达不到500英尺的话，我们就凶多吉少了，此刻我们所在的深度还不到250英尺，按照这样的安全距离推算，现在潜水艇所在的深度就如同水在人的膝盖位置。在长达15个小时的时间里，日本的布雷艇不断地投深水炸弹。如果深水炸弹距离潜水艇不到17英尺爆炸的话，那么潜艇就会被炸出一个洞。在离我们大约50英尺的位置，有20多个深水炸弹相继爆炸。我们在床上静卧着，尽量保持镇静。由于太过恐惧，我几乎快要窒息了，心里觉得"这回真的完了"。电扇以及冷却系统关闭后，潜水艇里的温度升高到华氏100多度，但我还是害怕得浑身颤抖，即使穿着一件毛衣，还加上了一件带皮领的夹克，还是觉得冷得受不了，整个身体一直在不停地颤抖着，冷汗也一直不停地往外冒。15个小时过去了，攻击突然停止了。看来是日本的布雷艇把全部的深水炸弹都用完了。

对我来说，这15个小时真的犹如经历了1500万年。在这期间，过去的生活——浮现在眼前。我回忆起了以前做过的所有坏事、一些很无聊的却能困扰我的小事。还记得在入伍前，我曾是一名银行的小职员，每天为薪水太少、工作时间太长、没有多少升迁机会而发愁。也常常因为没有钱买新车子、买大房子、给太太买漂亮衣服等惆怅。我也特别讨厌以前的那个老板，感觉他总是找我的麻烦。记得那时，每晚回到家的我，总是既累又难过，导致因为一点芝麻小事就与太太吵架，另外，我也经常为自己额头上的一块伤疤而发愁。

没想到的是，过去的烦恼竟然在炸弹声中变得渺小了。在潜水艇那令人恐惧的15个小时里，我所感悟到的人生真谛，比在大学4年里所学到的还要多得多。就是在那个时候，我告诉自己，假如还有重见天日的机会，我永远不会再忧虑或烦恼了。永远不会！

虽然我们通常都能勇敢地面对生活中的种种危机，然而却容易被很多小事搞得垂头丧气。对此，拜德上将也有同感，他发现他的部下在黑暗寒冷的极地之夜里，虽然经得起艰难困苦的磨砺，却常常为一些琐事烦恼不已。面对艰苦而又危险的工作，他们能在零下 80 度的寒冷中顽强地工作而毫无怨言。"可让我遗憾的是，"拜德上将说，"我了解到有好几个同住一室的战友彼此不说话，因为他们怀疑对方随意放东西而占了应该属于自己的地方。我还了解到，有一个人习惯在吃饭时细嚼慢咽，每口食物一定要嚼过 28 次才下咽；可是另外一个人非常讨厌这样，非要躲到一个看不见这个家伙的位子上，才能吃下饭。"

有权威人士认为，如果一个家庭生活中产生这些无聊的"小事"，会带来"世界上半数以上的伤心事情"。很少有人天性就残忍的，追查到底，会发现人们总是因为自尊心或虚荣心受到一点小伤害就酿成人生悲剧。

酒吧里的逞强、家庭中的口角、侮辱性的言语、粗鲁的行为……这些琐事引发了争斗甚至谋杀。纽约州一位地方检察官法兰克·霍根曾经说过："可以说有半数之多的刑事案件是因为一些琐碎小事而引起的。"小罗斯福夫人刚结婚时，常常会因为新厨子做饭很差而几乎"每天都在忧虑"。可是后来，她明白了这种不必要的忧虑带给自己的不利影响，她说："如果是今天发生这样的事情，我想我就会耸耸肩膀，然后将它忘记。"多好，这才称得上一个成年人的正确做法！就算专制的俄国沙皇凯瑟琳，在面对厨子把饭烧坏的时候，也仅是一笑了之。

有句话叫"法律不管小事"。一个人如果希望求得心理平静，是不值得为一些小事而烦恼的。

记得有一次，一位芝加哥的朋友热情地请我们到他家里吃饭。在给我们分菜的时候，有些小细节他没有做到位。当着我们的面，他的太太却立刻跳起来指出错误并大声指责他。"约翰，"她吼道，"难道你永远也学不会怎样分菜吗？看看你在干什么？！"说实话，当时我并没有注意到，即使我注意到了，也并不会在乎的。

接着她又跟我们解释说："他这个人总是犯错，其实就是不肯用心！"也许这位朋友平时确实做得不够好，可我真的佩服他能和这样的太太相处20年之久。我想，大多数人宁愿选择吃两个抹上芥末的热狗，也不愿一面听老婆啰唆，一面吃烤鸭吧。

巧合的是，在那件事情发生后不久，我和妻子也宴请了几位朋友到家里来吃晚饭。事后妻子告诉我一件大家都没有注意到的事情，可是当时却让她"急得差点哭了出来"。因为快到用餐的时间，她突然发现有三条餐巾的颜色与桌布不相配。我妻子觉得这很容易让朋友们把她看作一个比较懒的家庭主妇，当她急急忙忙冲到厨房里，发现另外三条餐巾已经送去洗了，而且，客人已经来到门口，她没有更换餐巾的时间了。本来面带愁容的妻子转念一想："为什么要让这点事毁了晚餐呢？我不能给他们留下脾气不好的印象。我应该大大方方地去吃晚饭，尽情地享受一切，而我真的做到了。并且我也注意到，根本就没有客人在意餐巾的问题。"我可爱的妻子，用实际行动再次让我认识到，不去为琐事毁掉一段快乐的时光是多么明智的选择！

英国前首相狄士累利说过："生命非常短促，不能再纠缠小事。"可我们总是那么轻易就被一些小事困扰了，有没有什么方法能让我们摆脱这种纠缠呢？如果你有同样的疑问，那就试试把看法和重点转移一下吧，对同一件事情，让自己能有一个新的、开心一点的看法。我有一位高产作家朋友，名叫荷马·克罗伊，他为我讲了一个自己如何做到达观的例子。他曾在一家纽约公寓里写作，经常被那里热水灯的响声吵得非常烦躁。而他只能气得坐在书桌前长吁短叹，丝毫没有办法。

荷马·克罗伊说："后来，有一次在我和几个朋友一起出去露营时，听到了木柴燃烧发出的那种响声，觉得特别熟悉，忽然我想到，这不正像我公寓里热水灯发出的响声吗？于是我问自己为什么会喜欢这个声音而讨厌那个声音呢？回家后，我让自己相信：现在是木柴点燃时的那种声音，很好听！我该安心写作、安心睡大觉，不用再理会它们。结果，我真的做到了！虽然开始我还能注意到热水灯发出的声音，可是很快我就把它们忘得一干二净了。"生活中很多使我们感觉颓丧的小烦恼，其实，只不过是我们在心中夸大了它们的重要性。

安德烈·莫里斯就在《本周杂志》里说过："我们生活在这个世上也仅有短短的几十年，然而被我们浪费的时间实在是太多了，因为我们常为一些琐事而心烦……时光再也补不回来了。可是琐事很快就会被遗忘，所以为这些琐事去浪费时间真是不明智。我们应该去做值得做的事情，比如去体验真挚的情感，去做应该做的事情。"

下面再给大家讲一个哈瑞·爱默生·傅斯狄克博士说过的非常精彩的故事——有关一个"森林巨人"是如何战胜自然险阻又如何被轻易打败的故事：

在科罗拉多州的一个山坡上，一棵有400多年历史的大树残躯静静躺在那里。它是怎么倒下的呢？自然学家们帮助我们了解了有关它的故事：这棵历史悠久的大树，在哥伦布登陆美洲时，才刚刚发芽；当第一批移民来到美国时，它则是棵正在奋力茁壮成长的小树。你想象不到，400多年来，它竟然被闪电击中了14次；经历了无数次狂风暴雨的侵袭，即便是这样，它也战胜困境，顽强地生存了下来。但是在最后，它却败给了一队甲虫。那些小甲虫从根部咬起，直至侵蚀到它的里面，这使它大伤元气。最终，这一小队用手指就能捏死的小甲虫们，战胜了这个无论是岁月、狂风暴雨还是闪电都奈何不了的"森林巨人"，这棵大树就此倒下了！

我们与这棵在森林中饱经风霜的大树不乏相似之处，同样也是经得起生命中无数风风雨雨、电闪雷鸣的打击，却极容易被那些微不足道的搅扰慢慢吞噬至死。

《吉布林在维尔蒙的领地》一书记述了一个真实的故事。故事的主人公吉布林和他的舅舅曾经打了一场有声有色的官司，算得上是维尔蒙有史以来最有名的一场官司了。这件事的经过如下：

　　吉布林娶了一位漂亮可爱的维尔蒙女孩，她名叫凯格琳·巴里斯·特。他为心爱的女孩在维尔蒙的布拉陀布罗斥重金建造了一栋精美漂亮的房子，并于婚后定居在那里，准备度过余生。婚后，吉布林和妻子的舅舅比提·巴里斯·特成了好朋友，他们经常在一起游玩和工作。

　　后来，吉布林从舅舅巴里斯特手里买了一块地，一时高兴的吉布林同巴里斯特约定：每一季，可以让巴里斯特在那块地上割草。渐渐的，吉布林忘却了这样无足轻重的约定，并在那块草地上建造起一个漂亮的花园。这让巴里斯特暴跳如雷，吉布林也为此大动肝火，他们争吵不断，逢人就诉说，弄得维尔蒙乌烟瘴气。

　　而最终让吉布林将舅舅告上法庭的助燃器，是因为在一次吉布林独自骑自行车出游时，巴里斯特驾着一辆马车突然从道路的另一边转了过来，导致躲闪不及的吉布林摔下车子。一怒之下的吉布林将舅舅告到法官那里。他的舅舅因此而被抓了起来，接着就是一场热闹的官司。这个事件成为人们茶余饭后的笑谈，小镇上挤满了来自大城市的记者，将这起可笑的官司传遍了全世界。最终事情没有得到很好的解决，使得颜面尽失的吉布林夫妇永远离开了他们本想度过余生的家。这一切，只不过因为一件不起眼的小事——一车干草。

2400多年前的古希腊政治家伯里克利说过这样的话："醒来吧，各位！小事情的确是把我们耽搁得太久了。"是啊，我们不就是这个样子吗？

所以，消除忧虑习惯的一项原则是：莫要被生活中的琐碎小事所困扰。

第三章

战胜忧虑的几个法则

　　我在密苏里州的一个农庄里长大，那个时候的我总是满腹忧虑。在暴风雨即将来临时，我就会担心闪电一旦劈中我了该怎么办？生活很艰难的时候，我又每天害怕吃不饱；我特别害怕一个名叫詹姆士·怀特的大孩子会真的将我的双耳割下来；我还莫名其妙担心死后会下地狱；每次向女孩们脱帽鞠躬时我也担心会被她们嘲笑；那时我还害怕长大后娶不到老婆……甚至在我犁田的时候，经常会去浪费时间思考这些无聊的担心。我会去想新婚时对妻子应该说的第一句话是什么，遐想着日后在乡下的一间教堂里为我和妻子举办的婚礼，婚礼结束后我们乘坐一辆顶棚有流苏的漂亮马车回到新房，想到这里，我又开始担心在这段路上，我该说些什么才不至于尴尬呢？除了这些可笑的担心，记得有一天，在帮妈妈摘樱桃时，我突然大哭了起来。妈妈疑惑地问："孩子，你这是怎么了？"我抽泣着回答："我特别害怕自己会被活埋！"

生活就在忧虑中这么过去了，长大后的我逐渐发觉那些令我害怕的事情，多数是庸人自扰，百分之九十九是根本不会出现的。比如，以前我对闪电极其恐惧，可我现在明白了，在任何时候，闪电能击中一个人的概率大概也只有几千万分之一而已。而我曾害怕的被活埋的这件事是多么的可笑，因为就算是木乃伊被发明了出来，会被活埋的几率也只有千万分之一。想想我以前竟然会因为害怕这些不可能发生的事情而担忧哭泣，真是不值得。

如果非要我因为什么事情而忧虑的话，那也应该担心自己会患上癌症，而全世界却只有 1/8 的人有可能因癌症而死。每个人的童年甚至少年时期多少都会因一些可笑的、荒唐的事情而忧虑。这当然可以理解，是我们的见识和经历困扰住了我们，然而实际上，有很多成年人也在为一些荒谬的事情忧虑着。如果我们能够停止忧虑，按照事情可能发生的平均概率来判断我们的忧虑是否值得，那我们可能就会因此减少 90% 左右的忧虑了。

如果你能对所谓的平均率做一下研究，就可以发现一些意想不到的事情，比如，当我了解到每 5 年就会发生一次像葛底斯堡战役那样悲惨的战斗后，担心得要命，对自己说："我可能熬不过这次战争了，所以剩下的这些年一定要过得痛快点。"并立刻去为我的人寿保险加保，还写好了遗嘱。然而实际上，如果再认真算一下的话，按照平均率来讲，普通情况下，每 1000 个年龄在 50 到 55 岁之间死亡的人数，与葛底斯堡战役中 16.3 万士兵中每 1000 个人里阵亡的人数几乎一样。

世界著名的伦敦罗艾得保险公司，已经有 200 多年的历史了，这家保险公司早就懂得如何利用人们的忧虑赚取金钱了。罗艾得保险公司是在和一般人打赌，说如果有了保险，他们担心的不幸都是微乎其微的。其实，这也就是建立在平均率上的一种赌博。

记得有一年夏天，在加拿大洛基山区里弓湖畔，我有幸遇见了何伯特·沙林吉夫妇。其中，沙林吉太太给我留下了深刻的印象，因为她非常沉着、平和，仿佛没有什么事可以让她忧虑。夜晚的时候，我们一起坐在熊熊的炉火前，怀着好奇心，我问沙林吉太太是否曾经因忧虑而烦恼过。她笑笑，对我说了她的故事：

在学会摆脱烦恼之前，我的生活差点被它们毁了。你知道吗？我在苦难中生活了整整 11 个年头，现在想来那真是自作自受啊！那时候我的脾气真的很坏、很暴躁，经常生活在非常紧张的情绪之中，由此葬送掉了我的第一段婚姻。那时候，我每周都要从在圣马提奥的家乘坐公共汽车去旧金山购物一次。在购物的过程中，我也愁得要命，担心家里的一切是否安好。我担心会不会把电熨斗忘在熨衣板上了；担心房子失火了；担心我的女佣人会不会突然丢下孩子们自己跑了；担心孩子们会不会骑着自行车出去乱跑，会不会在乱跑时被汽车撞死了……于是在整个购物过程中，我常因发愁而冷汗直冒。结账后就赶紧冲出商店，搭上公车直接回家，看看是不是一切都安好。

我的第二任丈夫是一位律师，和我相反，他是一个性格平静、遇事总能详加分析的人，好像从来不为什么事情发愁。也是他让我更加明白消除忧虑的重要性，并教会我如何面对困扰，消除忧虑紧张。每次看到我紧张焦虑时，他就会平静地对我说："别慌，让我们好好想想使你担心的到底是些什么呢？我们来算算平均率，看看这种事情会不会真有可能发生。"

举例来说，有一次，我和丈夫开车从新墨西哥州的阿布库基到卡斯巴德卡文斯。途经一条不太好走的土路时还碰到了一场可怕的暴风雨。我们的车子开始打滑，不好控制了。坐在副驾驶的我非常担心车子会滑到路边的沟里去，并为此紧张不安，可我的先生一直不停地安慰我说："放心！我现在开得很慢，所以不会出什么事的。就算车子真的滑到那个小沟里，我们也不会受伤的。"他的镇定和自信很快使我平静下来。

再说一件事情，在一个夏天，我和丈夫到加拿大的洛基山托昆峡谷去露营。我们的营帐是当地向导提供的，安置在海拔7000英尺高的地方，晚上，暴风雨突然来袭，那阵势像要把我们的帐篷吹碎。被绳子绑在木制平台上的帐篷，在风雨里剧烈颤抖着，还发出尖厉的声音。我害怕极了，无法入眠，时刻担心睡觉的帐篷会被吹到天上去。好在我的先生一直陪伴在我身边，一再安慰我说："亲爱的，我已经和好几个印第安向导聊过了，他们在这些山地生活已经60年了，没有人比他们更了解这里。暴风雨是这里很常见的现象，然而很多年来，这个营帐一直都在使用，至今还没被大风吹走过。所以根据平均率，今天晚上应该也不会被吹走。即使不幸真被吹走了，他们还会提供另外一个营帐让我们避难，所以不用紧张。"听我先生这么一说，我心里真的踏实了。在后半夜我睡得很安稳。

接着沙林吉太太又回忆起一件事，一件证明忧虑在麻烦面前毫无意义的事情：

　　小儿麻痹症曾经在我们所住的加利福尼亚州一带流行。要是在过去，我肯定会惊慌失措，高度警觉。我先生叫我保持镇定，我听取他的建议，尽可能采取了一切正确有效的预防措施，比如避免孩子出入公共场所，暂时不去学校、电影院等人多的场所。后来在和卫生署取得联系后，得知到目前为止，即使流行最为严重的一次小儿麻痹症，整个州也仅有1835个孩子不幸感染。而普通的情况下，这个被感染的数字只在 200 ～ 300 人之间。虽然 1835 这个数字听着还是感觉问题挺严重，可毕竟让我们感觉到，根据平均率来计算，一个孩子被感染的几率还是很小的，于是我彻底摆脱了忧虑，积极做预防工作。学会了根据平均率计算，使我摆脱了 90% 的忧虑，20 年来，它真的使我感到了生活的平静和美好，这是意想不到的收获。

乔治·库克将军说过："一切的忧虑与哀伤，几乎都源于人们的想象，而并非真实存在。"

我非常认可这句话，因为每当我回忆起过去的几十年，就会发现其实我自己的大部分忧虑也是这样在想象中产生的。詹姆·格兰特也有这样的经验。每当他到佛罗里达州去购买水果时，总会想到些古怪的事情，虽然他购买的水果都是上过保险的，然而他还是担心，比如担心"火车如果失事了该怎么办？""要是水果掉了，滚得到处都是，该怎么办？""如果过桥的时候桥突然倒塌该怎么办？""如果水果因为火车晚点而卖不出去该怎么办？"由于这样的怀疑过度，他甚至怀疑自己会患上胃溃疡，所以他决定到医院去检查一下。检查后大夫告诉他，他没有任何病，只是过度担心。詹姆·格兰特开始认识到自己的问题，他开始问自己："詹姆，这么多年来，你购买过多少车水果？"回答是："25000 车左右。"又问："那么，出过多少次车祸呢？"答案是："大约 5 次。"詹姆·格兰特终于释怀，他为什么要为 1/5000 的概率而担心呢？

"我觉得自己以前的想法太愚蠢了，"詹姆·格兰特说，"从那以后，我再也没有为这些发生几率非常小的事情烦恼过。"

当你为某些事情而经常忧虑时，不妨看看过往的记录，看看我们如此忧虑是否有道理。埃尔·史密斯曾是纽约州的州长，那时，我经常能听到他对攻击他的那些政敌们说："让我们来看看记录……让我们来看看记录吧。"然后他会摆出很多事实的铁证。当年佛莱德雷·马克斯塔特也有过莫名忧虑的经历：他曾经非常害怕自己将要永远躺在墓地里。他在纽约一个成人教育班上说过这样一个故事：

1944 年 6 月初，我清楚记得我躺在奥玛哈海滩附近的一个散兵坑里。那时我正在 999 信号连服役，那时我们刚刚抵达诺曼底。我看见一个长方形的散兵坑，就对自己说："这看起来就像一座坟墓。"当我在散兵坑里准备躺下睡觉时，更觉得那里真像是一座坟墓，于是我忍不住悲观地说："也许，这真的会是我的坟墓。"晚上大概 11 点钟时，德军的轰炸机真的来了！炸弹纷纷落在我们周围，我被吓得几乎不能动弹了。就这样 3 天过去了，在轰炸和惊恐中我根本无法入眠，在第 4 天、第 5 天的时候，我的精神几乎快崩溃了。我明白如果还不想点办法的话，我真的会发疯，我尽量让自己先冷静下来，并提醒自己："看，已经过去了 5 个夜晚了，我不是还好好地活着吗？我们这一组的人都活得很好，不是吗？只有两个人受了点轻伤，并且他们也不是被德军的炸弹所炸伤，而是被我们自己的高射炮的弹片不小心击中的。"这样想之后，我平静多了，之后我决定行动起来，做点事来摆脱内心的恐惧。于是我在散兵坑上搭建了一个厚厚的木头防护顶，这样就能避免被碎弹片击中。我又告诉自己："只有被那些炸弹直接击中了，才有可能死在这个又窄、又深的防护坑里。"于是，我算出被炸弹直接击中的比率，结果恐怕还不到1/10000。这样经过两三晚后，我终于能平静下来了，后来就连敌机来袭击，我也能安然入睡了。

所以，消除忧虑的另一项重要原则是：

翻看记录或是回忆过往，好好问自己：按照概率来算，我正在忧虑的事真的能发生吗？

第四章

勇敢面对事实

在我小的时候，发生过因为淘气而失去了一根手指的事情。那时，我和几个小伙伴一同在密苏里州的一间老木屋的阁楼上玩，我决定从阁楼的窗栏上跳下去，没想到在跳的过程中，左手食指上戴着的戒指竟被一枚钉子勾住，我的手指被整个拉脱了！

我疼得大声尖叫，并且吓坏了，以为自己会就此死掉。然而疼痛过后，我很快就忘记了这回事儿，并再也没有为以后担心过。因为担心又能怎样呢？还不如坦然接受现实。

我时常会回忆起荷兰首都阿姆斯特丹的一座 15 世纪老教堂

的废墟上刻着的一句话："事已如此，就不会是其他。"

现在，我几乎想不起来我的左手只有四根手指。有一次，我在纽约市中心的一座办公大楼里同一位齐腕断掉左手的人一同乘坐电梯，闲聊几句后，便问他会不会因此难过，他无所谓地说："哦，不会的，因为通常我不会想到它，只有在做类似缝衣服这样的事情时才会偶尔想起来。"

在我们漫长的人生中，多少会遇到一些不愉快甚至不幸的事，既然它们已经是那样了，就不会再是其他样子了。在面对这些事情时，我们是可以做出选择的，把它们当作一种无法避免的实际情况，接受并且去适应它，否则，忧虑就会毁掉我们的一生，最终将把我们弄得疲惫和崩溃。

"要去心甘情愿地接受事实，这样才是克服所有遭遇的第一步。"这是我最崇敬的一位哲学家威廉·詹姆斯说过的一句忠告。

然而很多人需要经历过很多困难之后才能明白到这一点。住在俄勒冈州波特南的伊丽莎白·康黎就是有这样经历的人。下面这封信是她最近写给我的，内容如下：

在美国全民庆祝陆军在北非取得胜利的那天，我收到了来自国防部的一封电报，内容是我那最亲爱的侄子在战场上失踪了。此后不久，我又收到一封同样来自国防部的电报，上面说，我的侄子已经牺牲了！悲伤如同洪水一般袭击了我。这件事发生之前，我认为我的生活算是很美好的，有一份很满意的工作，有我努力带大的亲爱的侄子，你能够在他身上看到年轻人的全部美好。我觉得我的所有努力都有了回报。在得知侄子牺牲的消息后，我的世界毁灭了，我甚至觉得没什么必要再活下去了。我开始对生活中的一切充满了怨恨和冷漠。我没办法接受现实。一直想不明白为什么我心爱的侄子就这样死掉？为什么这么优秀的孩子还没开始享受他的人生，就倒在了战场血泊中？过度的悲伤让我什么也干不下去，于是我决定放弃工作，离开家乡，将自己的后半生埋葬在悲伤和泪水中。

就在我准备去辞职，开始收拾办公桌上的物品时，翻出了一封侄子以前寄给我的信，我想起来这封信是我母亲去世时他写给我的，信上说："我们都会很怀念她的，尤其是你。但是我知道以你的人生观，你肯定能够挺过去的，一定可以支撑下去……你教给我的那些美好的真理，我会永远铭记，无论走到哪里，也不论我们之间的距离有多么远，你带给我的快乐我都会记得，我会像一个真正男子汉那样坚强地面对所有事情。"

那封信被我反复读了好几遍，感觉冥冥之中这些话好像就是侄子现在要对我说的，他似乎在说："为什么不挺过去？为什么不按照你曾教我的那些道理去做呢？不管发生什么，都要把悲伤埋藏在笑容里，坚强地生活下去。"

于是，我打消了辞职的念头，重新开始了我的工作和生活，不再对所有事情都感到失望，不再对人冷漠无情。我一遍一遍地对自己说："事已至此，我无法改变，然而我能够像侄子所期盼的那样努力坚强并快乐地活下去。"为了分散注意力，我把所有的心思都集中在工作上，还开始写信慰问前线士兵，去关心他们；晚上也找到了新的乐趣，报名参加了成人教育班的学习，并在那里认识了新的朋友。对于这样的转变我自己都有点不敢相信，我已经不再为过去的事情悲伤了，现在的每一天就像我的侄子希望的那样充满了快乐。

伊丽莎白·康黎所学到的事情就是：必须要学会承受那些不可避免的现实。其实这一点也是我们所有人迟早要去学会的，做到这一点很不容易。哲学家叔本华说："在踏上人生漫漫旅途时，我们要做的最重要的一件事就是去接受现实。"对此，英国国王乔治五世也有同感，否则他不会在白金汉宫的墙上刻下这样一句话："不要去为月亮而哭泣，也不要为什么事而感到后悔。"

决定我们是否快乐的并非生活本身，我们对周围环境的态度才最终决定了我们的感受。

事实上我们在必要的时候是能够忍受甚至战胜悲剧和灾难的，要知道一个人的潜在力量是非常惊人的，关键在于我们愿意开发并能够利用得好，就能够克服所有的困难。

已故的史恩·塔金顿在他60多岁时的某一天，发觉自己开始看不清楚地毯上的花纹和颜色了，于是他去看了眼科专家，结果被告知一个不幸的消息——自己的视力已经开始在逐渐减弱，有一只眼睛很严重，几乎失明了，而另一只也很快就要面临完全失明的境况。在这之前他经常说："我能够接受人生中遇到的任何不幸的事情，但除了失明，因为我永远都无法忍受自己变成一个瞎子。"命运弄人，他最无法忍受的事情，却还是发生了。

那么面对这种"最难以忍受的事情"，塔金顿会如何应对呢？你是不是觉得他的人生没了希望呢？不，可能连他自己都没有想到，他竟然还能够保持愉快的心情。是的，一开始眼前的黑色阴影的确让他很不舒服，它们时不时地浮现，让他看不清楚东西，然而后来，当最大的阴影出现时，他却能调侃说："嘿，又碰到阴影老爷了，今天的天气这么好，不知道它这是要去哪里。"

最后当塔金顿完全失明的时候，他说："我发觉我对丧失视力的承受，与别人对其他事情的承受一样。假如我继续丧失了全部感官，我想我依然可以在思想里生活，并在思想里去看清生活。"

塔金顿是个聪明人，他知道自己必须面对这些。只有爽快地接受现实，才是唯一缓解痛苦的方法。为了恢复视力，他在一年之内不得不接受了12次手术，他还拒绝住进高级病房里，因为他更愿意和其他病人一起住大病房，这样就可以试着用自己的达观为所有人带去开心，每次手术前，他都会让自己认为，这是多么幸运的事。"太好了，"他说，"如今的科学如此发达了，连眼睛里那么细小的零件都能够用手术来修复了。"

塔金顿在医院度过了漫长的时光，然而他却说："就算用一些更快乐的事去换这样的经历，我想我也不会愿意的。"因为通过这件事，他学会了接受现实，知道了生命带给他的一切，没有什么是无法承受的。12 次以上的手术和暗无天日的生活以及对术后是否能恢复光明的担忧，换作一般人，恐怕早就崩溃了。富尔顿说过："失明并不可怕，可怕的是你无法忍受失明。"

退缩或悲伤，都不可能改变那些已成的事实。我们唯一能去改变的就是自己的心态。

很多年以来，惠特曼的这句诗我一直能随口吟出，这句诗是：一定要像树木或动物那样去独自面对风雨与黑暗，去面对饥饿、意外和挫折。

动物们似乎总是能够平静地面对一切：夜晚、寒冷或是饥饿。我曾经做过 12 年的放牛工作，从没见过哪头母牛会因为天气寒冷、草地干枯或是自己的公牛追求其他母牛而大发脾气。这些从来都不会让它们精神崩溃或是患上疾病。

我的意思并不是要在困难面前低声下气，而是在发现事情已经不会再有转机的时候，我们要保持冷静，不要再自找麻烦。不管发生什么，只要还有挽救的机会，我们就要努力下去，而非发怒、忧虑或自暴自弃。

为了写作这本书，我曾访问过许多英国有名的商人，最让我印象深刻的是，他们中的大多数人都能接受那些不可避免的事实，因而他们的生活大都能无忧无虑。因为他们明白，不这样做就会因为承受不了过大的压力而垮掉。下面就讲几个这样的例子：

福特公司的创始人亨利·福特曾对我说过："假如我遇到的

事情，凭自己的能力无法解决，那么让它们自行解决就是了。"

全国连锁潘氏商店的创立者潘尼说过："如果有一天真的赔光了所有的钱，我也不会为此忧虑，因为忧虑也不可能改变什么，我能做的，就是去尽力做好应该做的，至于结果如何，那是上帝的事情。"

"我从不担心将来的事情，因为谁都不知道以后会发生什么，担心未知是没有用的。遇到棘手的问题时，如果能想到方法解决，我就去解决，如果想不到，那就干脆忘记这回事。"这是我向克莱斯勒公司的总经理凯勒先生询问如何避免忧虑时，他的回答。他所表达的和19世纪前的罗马哲学家依匹托泰德的这句话意思很像："不要为无法达到的事情而忧虑。"

莎拉·班哈特一直都是四大州剧院里最受全世界观众喜爱的一位女演员。她算得上是最懂得如何去适应难以避免的糟糕事情的女人了。在71岁那一年，她经历了破产和失去双腿的打击。她乘坐的客船横渡大西洋时，突遇暴风雨袭击，她被重重摔在了甲板上，腿部受伤严重，并染上了静脉炎、继发腿痉挛。医生无奈地告诉她，她的双腿必须被锯掉。在一阵沉默之后，班哈特平静地说："如果必须这样做的话，那就只好这样了。"

要被推进手术室的时候，陪伴她的儿子拉着她的手哭了。她摆了摆手，语气轻松地说："别离开，我很快就回来了。"

在去手术室的路上，班哈特嘴里一直念着曾经在演出时的一句台词。有人说她是为了缓解压力才这么做的。她回答说："不是的，我只是想让医生、护士们能放松一下，因为他们才是承受压力最大的人。"

术后恢复健康的莎拉·班哈特又开始了她环游世界的旅程，这使得她的观众很受鼓舞，又疯狂迷恋了她 7 年。

人不可能有足够的感情和精力去一边抗拒无法避免的现实，一边创造新的生活。所以我们要么学会低下头，要么只能因抵抗而被摧残。

一位日本柔道术老师教导他的学生们："你要像柳条那样柔韧，不要像橡树那样坚挺。"

我有一个农场位于密苏里州，在那里我种植了很多的树木，它们长得又快又壮实。后来，一场暴风雪让它们失去了生机，因为它们没有北方的树木那么"聪明"，枝条在冰雪的重压下依然坚持挺立着，最终却被折断了。我去过加拿大很多次，那里长着长达几百英里的常青树林，在暴风雪中，它们就懂得如何弯下枝条来适应这种重压，所以，我从来没有在那里看到过一棵树被冰雪压断。

为什么汽车的轮胎能够承受重压和颠簸，在路上可以长时间奔跑呢？

其实一开始，汽车制造商是想根据对抗路面冲击力的原理制造轮胎，结果在实践中造成了轮胎的破裂。于是他们换了一个思考角度，制造出一种能够承受路面冲击力的轮胎，这种轮胎被沿用至今，因为只有具备承受力的轮胎才是耐压耐用的。我们的人生不也是如此吗？学会顺应和承受我们人生之路上所有的冲击力与颠簸，我们才可以更长远更顺利地走过人生的旅途。

面对人生的种种坎坷，如果我们学不会顺应而只是一味地抗拒，退缩到自己所幻想的世界里，结果只会被搞得心力交瘁，继而变得忧虑、烦躁、紧张，甚至会崩溃。

在战争时期，那些随时可能面临死亡的士兵们只有两条路可走：或者接受和面对现实，或者在压力下崩溃。下面这个关于士兵的故事，是威廉·凯西鲁斯在纽约成人教育班上讲述的：

在加入海岸防卫队之前，我不过是个卖饼干的杂货店店员，入伍后不久，我就被派到大西洋附近的炸药库从事管理工作。如此大的转变让我一时难以接受，一想到要站在上万吨的炸药上面，我就觉得自己的半边神经都僵住了。接受了两天的训练，可是学到的东西却增加了我内心的恐惧，而第一次执行任务的情景，更是让我难以忘怀。

我清楚记得那天又黑又冷，雾蒙蒙的，我接到命令，要到新泽西州的卡文角露码头，去负责船上第五号舱的装卸工作。分配给我的5个码头工人虽然身体强壮，但是却对炸药一无所知。他们负责把重2000～4000磅的炸弹装到船上，每个炸弹都足以把那只旧船炸得粉碎。一想到被两条铁索吊在船上的炸弹有可能因为一条铁索滑了或是断了而爆炸，我就全身打战，恐惧到了极点，甚至嘴里发干，脚下软软的，甚至听见自己的心跳声。可是，我也知道我不能就这样跑开，因为我的父母也会因为我的胆小逃亡而丢脸，而且我也有可能会因为逃亡而被枪毙。我只能留在这里。就这样，在一个小时的煎熬中，我眼看着那些工人漫不经心地把炸弹搬来搬去。我只能试着用普通常识劝说自己："听着，就算你真被炸死了又怎样？反正也不会有什么感觉了，而且这样死去反倒比得癌症痛快多了。所以别做傻瓜，既然这些工作逃避不了，那就不如干得轻松一些。"

在几个小时对自己的劝说后，我真觉得放松了些，庆幸自己克服了忧虑和恐惧，去接受无法避免的现实。

虽然没有任何不幸发生，但是我永远也无法忘记这段经历。因为它让我明白了，当一些不可避免的事情发生时，就要摇摇头对自己说："忘掉吧。"

"面对这杯必须要喝的毒酒，就请举杯畅饮吧！"这句话出自公元前399年。在现在这个忧虑重重的世界，我们比以往任何时候都更需要这句话。

我翻阅了所有搜集到的书籍和报刊上的相关文章，只为了找到排解忧虑的良药，那么大家一定很想知道我有没有发现什么排解忧虑的好办法吧？其实总结起来，这个好办法也就是短短几句的忠告，请务必将它们贴在卫生间的镜面上，这样，你就能在洗脸、洗手时，顺便把心中的忧虑也洗去。这几句忠告来自于美国牧师尼布尔博士写下的祈祷词：

祈求上帝赐予我心境的波澜不惊，使我有好心态去接受那无法更改的万事；并给予足够的勇气，让我去改变那可以改变的事情；再赐予我充沛的智慧，去将这两者之间的细微差别区分。

你完全可以将它贴在卫生间的镜子上，这样在你洗脸时，就能顺手把心中的忧虑洗去。

回顾历史上令人动容的死亡场景，除了耶稣被钉死在十字架上外，就要算苏格拉底的饮毒酒身亡了。虽然历经千秋万代，人们还是会捧读柏拉图文学作品中这最为凄美动人的篇章：古雅典城内有一小批人因嫉妒赤足行走的苏格拉底，便恶意指控他，想方设法使他受审并被处死。临刑前，狱卒将一杯毒酒递给苏格拉底，出于对他的同情，狱卒说道："喝下这杯毒酒吧！因为你一定是要喝下它的。"苏格拉底也欣然遵命，在死亡面前，他那么从容、镇静，他的禀性没有因死神的到来而发生一丝一毫的改变。

一个人生活得是否快乐，这完全取决于他对待世间诸事的态度。

几年前，我参加过一个广播节目，主持人问我："你曾经学过的最重要的一课是什么？"

对于我来说，这很容易回答，最重要的一课当然是思想上的重要性。思想创造出了每个人的特性，我们的心理状态决定了我们的命运。如果想知道你到底是怎样一个人，只需要了解你到底在想些什么就可以了。

如果我们总是想悲伤的事情，那么内心肯定就有悲伤；如果我们总是担心会失败，那么很可能就真的会失败；如果我们总是想着可怕的事情，那么就会感到恐惧；如果我们总是产生不好的念头，那么就会无法安心；如果我们总是自怜，最终所有人都会努力避开我们。

曾经统治罗马帝国的伟大哲学家——马可·奥勒留皇帝曾总结出一句能够决定我们命运的话："思想决定生活。"所以现在我很清楚我们必须要面对的最重要的问题，就是如何进行正确地思想。只有正确地思想才能够让所有问题都迎刃而解。

我们难以用乐天的态度去面对生活中所有的困难，但至少我希望大家都能用正面而不是反面的态度去面对生活。换句话说，当问题出现时，我们当然要重视，但不是去忧虑。忧虑和重视有什么区别呢？这么说吧，每当在纽约市的拥挤街道间穿行的时候，我都会对眼下安全的问题很重视，但我并不会产生忧虑。

想要关心问题就要先了解问题的所在，接着再想办法去解决，但忧虑的后果，只能是让人发疯一般地在原地转圈。

所以，消除忧虑习惯的一项原则是：勇于面对那些不可避免的事实。

第五章

让忧虑到此为止

能在华尔街上赚到钱是无数人的追求。有人想知道怎样才能赚到钱，如果我真的能在这里给出你答案，那么这本书的定价就该改一改了，但是我可以透露给你们很多成功操盘手经常会使用的一种有效的方法。下面就是投资顾问查尔斯·罗伯茨给我讲述的他使用此方法的经过：

曾经我在股票投资方面很有自信，那时，我从得克萨斯州来到纽约，朋友给我2万美元，想让我帮他买股票。然而那次出乎意料，我赔了个精光。虽然期间也赚到了几次钱，但是最终的结果还是赔光了所有的钱。

如果那次赔的是我自己的钱，赔了也就赔了，但是朋友出于对我的信任才拿出钱来让我帮忙投资的，可是我却失败了。虽然这点钱他们并不在乎，可是我却满心愧疚，认为这是很严重的事情。我觉得没有脸再去见那些朋友，最后让我吃惊的是，他们对此毫不介意，不但没有难过，还对下一次的投资抱有乐观的态度。

我开始认真分析失败的原因，反省自己，还特意去结识了一位非常成功的股票分析专家波顿卡瑟斯先生。我知道能够取得成功，绝不能仅仅依靠机会和运气，所以我相信可以从他那里学到一些有用的知识。开始时，他向我提出了几个问题，问我以前的投资策略，听完我的回答后，他告诉了我一个关于股票交易非常重要的原则："每次在市场买股票时，我都要给自己设定一个不能再赔下去的底线。例如，我买了一只50美元的股票，那么我不能再赔的底线就是45美元，再详细点说，假如股票的价格开始下跌，那么最晚在跌到45美元时我就必须卖出了，因为这样做，我的损失也就是仅仅5美元，而不会是更多了。"

"如果你投资时的眼光特别好，"波顿瑟斯对我说，"平均每股你可能会赚到10美元、25美元，甚至是50美元。这样，即使你买的股票有半数的时间是在下跌，然而最终你还是会赚到很多钱的。"

之后，这个听起来很容易的方法为我和我的顾客收入了上千万美元。

而没多久，我就发现这个"设定底线"的方法同样适用于生活中的各种问题，我为它们同样设定了底线，结果很奇妙。

比如，我有一个很不守时的朋友，每次约好时间共进午餐，我都要在餐厅里等上至少半个小时，明白用"设定底线"来解决问题后，我终于提醒他，以后我将以 10 分钟为底线，如果他迟到的时间超过 10 分钟，我就会马上离开。这让我不再去浪费更多的时间等待。

后来我问自己为什么不早点知道这种"设定底线"的方法呢？我真的应该早点用它来锻炼我的性情、耐心和自我认识，而且，它还能够用来帮我消除精神压力和烦恼。

在 100 年前的某个夜晚，瓦尔登湖畔的几只乌鸦叫着从树林穿过，这时，梭罗正用鹅毛笔蘸着墨水将这句话写在本子上："无论是现在，还是将来的事物，都是用我们的生命换来的。"

换句话说，如果我们为生活中的某些事情付出了很多代价，那么我们就不要像傻瓜一样再为它们忧虑了。吉尔伯特和沙利文的悲哀之处正是在于：他们知道如何令其创作的词曲充满快乐，却无法控制他们自身的情绪，无法在现实生活中寻找快乐。他们因为一张地毯的价钱，彼此仇视了多年：沙利文为剧院购买了一张价格较贵的新地毯，吉尔伯特看到账单时则大为恼火。交涉无果后吉尔伯特甚至到法院起诉此事，可想而知从此两人再也没有正面来往。工作上，当沙利文完成新歌剧的曲子后，就把它邮寄给吉尔伯特，等他填完词后再寄回来。有一次，两人不得不同时上台谢幕，为避免看到对方，就各自站在舞台两侧，连鞠躬也向着不同的方向。

他们如果能像林肯，把仇恨打上"到此为止"的限度，就不会让自己生活在怨恨之中了。在南北战争时期，面对攻击自己的几个政敌，林肯对他们说："也许是我比较迟钝，在私人恩怨上，我反而不如你们感觉得多，但我一直认为，一个人用半生时间去与他人争执，是很不值得的。如果那个人停止对我的挑衅，我就会当作什么也没发生过。"

每每听到爱迪丝婶婶对我抱怨陈年旧事，我多么希望她也能拥有林肯那样的胸怀。

爱迪丝婶婶与弗兰克叔叔的生活很艰难，他们生活在一栋抵押贷款的农场里，那里的土壤以及灌溉条件都很差，收成也不好。他们日子过得十分节俭，屋子里空荡荡的。作为家庭主妇，爱迪丝婶婶很想买漂亮的新窗帘和一些小饰物来装饰家里，于是她向马利维里杂货店赊购了一些。弗兰克叔叔很爱面子，得知这件事以后，他私下对那家杂货店老板说，不要再赊给他妻子任何东西。婶婶知道这件事后大发脾气。以至于事隔50年，她还是对此耿耿于怀，曾经上百次地对我提起过这件事。在她快80岁的时候，我去看望过她一次，她又向我提起了这件陈年往事，于是我对她说："爱迪丝婶婶，弗兰克叔叔在这件事上给您带来了羞辱，这肯定是不对的，但50年过去了，比起他给您带来的伤害，您一直对此事的埋怨给自己的伤害不是更大吗？"

70年来，富兰克林还记得在7岁时犯下的一个小错误。

那时，他在一家玩具店里看到一只非常喜欢的哨子，没有砍价，就急于买下了，为此花光了他当时全部的零花钱。"随后，我高高兴兴地跑回家，"70年后富兰克林在信中对一位朋友说，"我在屋子里吹着哨子走来走去，非常得意。"然而，当他的哥哥姐姐们得知他买哨子的价钱后，都大声嘲笑他是个傻瓜。后来他说："当时我心里非常懊恼，哭个不停。"后来，富兰克林从这件小事中获益极大："长大以后，我开始观察周围的人，发现他们中有许多人都在'哨子'上花费了不值得的代价。可以说，因为人类对事物价值的错误判断，造成了太多本可以避免的悲剧。"比如刚刚所讲的吉尔伯特与沙利文就在他们的"哨子"上付出了代价，我的爱迪丝婶婶也是如此，很多时候，就连我自己也难以避免类似的错误。

后来，富兰克林成了美国驻法国的大使，他的大名被全世界人所知晓。然而这样一件小事，被他却一直挂念着，因为那只哨子带给他的快乐远远不及所带来的痛苦。

世界名著《战争与和平》和《安娜·卡列尼娜》的作者托尔斯泰，被人们认为是世界上最伟大的人。在托尔斯泰去世前的20年里，不断有崇拜者前往他的家去拜访，只是希望能够见上他一面，或是能摸摸他的衣角、听听他的声音也好。这期间，托尔斯泰随口说出的一句话，不经意间的某个动作，都会被有心人记录下来，称作是"神的启示"，就是这样一位伟大的人却在日常生活方面过得有些糊涂，甚至可以称得上是愚蠢，为什么这样说呢？

那时托尔斯泰和他非常爱慕的一位姑娘喜结良缘，因为情投意合，起初日子过得非常幸福，那时他们常常会跪着向上帝祈祷，希望能一直这样幸福下去。不幸的是，托尔斯泰的妻子是个天性容易嫉妒的女人，她经常怀疑托尔斯泰有外遇，她甚至会乔装成村妇去跟踪丈夫，哪怕一直跟到森林深处。因为这样的事情，他们不断争吵，后来她甚至连自己的亲生女儿都开始嫉妒，还用手枪把女儿的画像打了一个洞。她发脾气的时候很可怕，满地打滚甚至要喝鸦片自杀，他们的孩子常常被吓得躲在墙角里哭。

面对妻子的情况，托尔斯泰的应对方式可以说实在太糟糕了！他写了一本秘密日记，在日记中记录妻子的行为并发泄对她的全部不满，他认为家庭不幸都是妻子的过错，希望后代能原谅自己。然而他这样做之后，换来的是妻子更加激进的还击，她把日记抢来撕碎，又扔到火炉里烧成灰，然后竟然也写了一本回击丈夫的日记，同样的，她把所有不是都推到托尔斯泰身上，甚至还撰写一本名为《谁之错》的小说。在小说中，她更是把丈夫描写成一个破坏家庭幸福的男人，而自己则是受苦受难的可怜人。

一个幸福的家庭，就这样被这对原本恩爱的夫妻搞成了"疯人院"。其中一个重要的因素就是他们都太看重别人的看法了，他们都在推脱责任，担心会破坏在别人心目中的形象。外人真的会在意他们到底谁对谁错吗？当然不会！人们真正在意的其实都只是自己的问题，才没有闲工夫为了别人的事情耽误自己的时间呢。而这对无聊的夫妻却为自己的"哨子"付出了失去幸福的代价，用整整 50 年的时光，把他们那原本美好的家庭变成了可怕的地狱。

他们谁都没有计算过这样下去对他们有什么损失，谁都没有认识到"到此为止"的重要性。

要想获得真正的平静，一定要拥有正确的价值判断标准。没错，这也是我一直都坚信的，试试看吧，只要能做到这一点，忧虑会立即消除一大半，这个标准决定着我们要为此付出多大的代价。

因此，当我们的生活中出现不好的情况时，在事情更为糟糕之前，在我们为此付出巨大代价之前，请先问自己几个问题：

1. 遇到的这个问题和我有多大关系，值得如此担忧吗？

2. 我如何为这件事设个底线，然后将它忘掉？

3. 这只"哨子"到底值多少钱？我是不是已经多付了钱？

第六章

不要去做锯木屑那样的傻事

　　"当你开始为那些已经做完或过去的事忧虑的时候，你不过是在锯一些木屑。这样的举动既无聊又无意义。"

　　我边写这句话的时候，边望着我院子里一些恐龙的足迹——一些留在大石板和石头上的恐龙的足迹。这是我从耶鲁大学的皮博迪博物馆买来的。据皮博迪博物馆馆长说："这些足迹是 1.8 亿年前留下来的。"而此时我望着这些足迹，就与我刚写过的话有关，也就是说就连一个白痴也不会想追溯到 1.8 亿年前去改变这些足迹。而一个人的忧虑就正如这种想法一样愚蠢，说得更确切一点，我们可以想办法来改变当时发生的事情所产生的影响，但是我们不可能去改变当时所发生的事情。

事实上，唯一可以让所犯过的错误变得有价值的办法，就是平静地分析我们过去的错误，并从错误中得到教训，而不是牢记。

我知道这句话是有道理的，可是我会不会去思考、理性地去做呢？让我先说说几年前我有过的一次奇妙经历吧。我曾经让相当数量的一笔钱从手中白白溜过，没有得到一分钱的利润。事情的经过是这样的：

我开办了一个成人教育补习班，在很多城市里都有分部，在组织费和广告费上，我也花了很多的钱。我当时因为忙于授课，所以既没有时间也没有心情去管理财务问题，而且当时也太天真，不知道我应该有一个很好的业务经理来支配各项支出。

最后，过了差不多一年，我发现了一个清楚明白而且很惊人的事实：虽然我们的收入非常多，但却没有得到一点利润。在发现了这点之后，我本应该马上做两件事情：

第一，我应该学习黑人科学家乔治·华盛顿·卡佛尔的做法，他在银行贷了5万美元做生意，当别人问他知不知道他已经赔光了的时候，他回答说："是的，我听说过了。"然后继续教书。他把这笔损失从他的脑子里抹去，以后再也没有提起过。

我应该做的第二件事是，应该分析自己的错误，然后从中学到教训。

可是坦白地说，这两件事我一样也没有做。相反的，我却沉浸在深深的忧虑与痛苦之中。一连好几个月我都恍恍惚惚的，睡不好，体重减轻了很多，不但没有从这次大错误中学到教训，反而接着犯了一个只是规模小了一点的同样的错误。

对我来说，要承认以前这种愚蠢的行为，实在是一件很窘迫的事。

我一直很佩服已故的佛雷德·福勒·夏德，他有一种能把老的真理说得又新又吸引人的天分。他是一家报社的编辑。有一次在大学毕业班讲演的时候，他问道："有多少人曾经锯过木头？请举手。"大部分的学生都曾经锯过。然后他又问道："有多少人曾经锯过木屑？"没有一个人举手。

"当然，你们不可能锯木屑，"夏德先生说道，"因为那些都是已经锯下来的。过去的事也是一样，当你开始为那些已经做完的和过去的事忧虑的时候，你不过是在做锯一些木屑的傻事。"

拳击老将杰克·邓普西退出拳坛的时候，我问他有没有为输了的比赛忧虑过。

"哦，有的。我以前常这样，"杰克·邓普西告诉我说，"可是多年以前我就不干这种傻事了。我发现这样对我完全没有好处，磨完的粉子不能再磨，"他说，"水已经把它们冲到底下去了。"

不错，磨完的粉子不能再磨；锯木头锯下来的木屑，也不能再锯。可是你还能消除你脸上的皱纹和胃里的溃疡。在去年感恩节的时候，我和杰克·邓普西一起吃晚饭。当我们吃火鸡和橘酱的时候，他跟我讲了他把重量级拳王的头衔输给滕尼的那一仗。

当然，这对他的自尊是一种很大的打击。

"在一次与对手滕尼的比赛中，我突然发现我以前的勇力已不在了……到第十回合结束时，我虽然没有倒下，可是也只是没有倒下去而已。我的脸肿了起来，两只眼睛因为被打裂流血几乎无法睁开……我看见裁判员举起滕尼的手，宣布他获胜……我不再是世界拳王了。赛后我在雨中往回走，穿过人群回到自己的房间。在我走过的时候，有些人想来抓我的手，另外一些人眼睛里含着泪水。

"一年之后，我又跟滕尼打了一场，可是一点用也没有，我就这样永远完了。要完全不去忧虑这件事情实在很困难，可是我对自己说：'我不打算生活在过去，或是为打翻了的牛奶而哭泣，我要能承受这种打击，不能让它把我打倒。'"

而这一点正是杰克·邓普西对往事的态度。怎么做呢？只是一再地对自己说："我不为自己由辉煌而惨淡而忧虑"吗？不是的！这样做只会再强迫自己想到过去的那些忧虑。理性的做法是承受一切，忘掉失败，然后集中精力来为未来计划。他的做法是经营百老汇的邓普西餐厅和大北方旅馆。安排和宣传拳击赛，举行有关拳赛的各种展览会。他忙着做一些富于建设性的事情，使他既没有时间也没有心思去为过去担忧。"在过去 10 年里，我的生活，比我在做世界拳王的时候要好得多。"邓普西先生告诉我，他没有读过太多的书，可是，他却是不自觉地照着莎士比亚的话在做：

"聪明的人永远不会坐在那里为他们的损失而悲伤，却会很高兴地想办法来弥补他们的创伤。"

当我读历史和传记并观察一般人如何应付艰苦的环境时，我一直既觉得吃惊，又羡慕那些能够把他们的忧虑和不幸忘掉并继续过快乐日子的人。

我曾经到监狱去参观过，那里最令我吃惊的是，囚犯们看起来都和外面的人一样快乐。我当即把我的看法告诉了刘易士·路易斯——当时新新监狱的狱长，他告诉我，这些罪犯刚到新新监狱的时候，都心怀怨恨且脾气很坏。可是经过几个月之后，大部分聪明一点的人都能忘掉他们的不幸，安定下来承受他们的监狱生活，尽量地把它过好。路易斯狱长告诉我，在这里有一个犯人不但能很安心地干分派给他的活儿，而且在监狱围墙里种菜种花儿的时候，还能开心唱歌。

因此，为什么要浪费心思呢？当然，犯了错误和发生疏忽都是不对的，可是又怎么样呢？谁没犯过猎？就连拿破仑，在他所有重要的战役中也输过 1 / 3。也许我们的平均纪录并不会坏过拿破仑，谁知道呢？

何况，即使动用国王所有的人马，也不能再把已经过去的挽回。所以，我们为了不被新的苦恼所累，就应该明白这样的道理：不要再去做锯木屑的傻事，不要为打翻的牛奶而哭泣。

第四篇

保持内心平静和快乐

第一章

只有自己能让自己心情平静

　　大概在几年前，我在广播电台做一个访谈节目，回答过这样一个问题："你这一生遇到的最大的困难是什么？"

　　其实回答很简单：从小到大我遇到的最大的困难就是明白了思想的重要性。假如我明白了你的想法，我就可以明白你是啥样的人。因为我们的思想成就了我们的事业。一切都是态度的问题，态度决定命运。爱默生说："人是自己思想的产物。"

　　如今我非常肯定，我们要解决的最大问题，大部分都是我们非常急迫需要解决的，就是选择正确的想法。假如我们能很快做到这一点，那么我们就可以非常便利地解决一切的问题。罗马帝国国王及哲学家马可·奥里利乌斯曾用八个字来总结决定命运的因素："思想决定人生成败。"

是这样啊，假如思想是愉快的，我们自己当然也是愉快的。假如我们的思想是伤感的，我们的心情也会伤感的。假如有担心的思想，我们就会担心。假如有病症的思想，我们的身体就会生病。假如有失败的想法，那我们就一定会失败。如果自己认为自己很可怜，那么所有的人会对你充满怜悯。诺曼·文森特·皮尔说过："你认为的并不是真实的你，反而是你怎样想，你就是个怎样的人。"

我不是在宣告我对待活着的盲目乐观。

当然，我们的生活要比我们想的复杂得多，于是我特别赞成积极的生活态度而不是消极的生活态度。或者说，我们要时刻关心问题而不是要担心问题。每当我穿过纽约城拥挤的大街小巷，我们只能是在关注，不是担心。关注其实就是看到了问题并想到了解决的方法。担心就是一事无成，只能在怪圈里打转发脾气。

一个人有麻烦时，仍然可以昂首挺胸、生气勃勃地活着。洛厄尔·托马斯就做到了这样。我非常荣幸与洛厄尔·托马斯合作过几次，展示他有关第一次世界大战中艾伦比—劳伦斯战役的纪录片。他和他的助手在多处战场拍摄纪录片。他的演讲在伦敦引起了巨大的反响和轰动，伦敦歌剧季为此推迟了 6 个星期，因为他要在皇家歌剧院继续讲他的冒险故事和上映他拍摄的纪录片。在伦敦一炮打响后，他又在全世界掀起一股浪潮，名利双收。可是在经历了很多不幸的事情之后，他有一件更加不幸的事情发生了——他破产了。当时我就和他在一起。

当时我们都被困在最便宜的快餐店里吃一种很便宜的食物。就是这样的生活也还是依靠苏格兰的吉姆斯的援助。洛厄尔·托马斯在背负巨额债务和遭受特大挫折时，也只是关心麻烦，而不是担心。因为他明白自己假如被厄运打败，就会被所有朋友抛弃，当然也包括借给他钱的人。每天一大早出门前，他往往会买一朵花，把它插在西装胸前的扣眼里，然后昂首挺胸地走在大街上。因为他的想法是乐观的。对于他来说，挫折和失败是人活着遇到的必不可少的一部分。假如你想要成功，就一定会遭遇失败。

想法能对我们的身体和思维产生难以想象的影响。英国著名精神病医师海菲德在他的著作《心理学的力量》中记述了这样一件事：当时，我找来三个人来测试心理暗示对他们手掌的握力影响。在一般情况下，开始测试时，他们每个人的握力是101磅。

第一轮测试，海菲德对他们做催眠动作，并暗中示意他们现在非常软弱，测试结果显示他们的握力只有29磅，连他们正常握力的一半都不到。三个人中，其中一个还是一个拳击手，当在催眠中轻声地告诉他，你很虚弱时，他这样说："我突然觉得自己的胳膊一点儿力气也没有了，胳膊也只有婴儿那么粗。"

在第二轮测试中，海菲德在催眠中告诉他们三个人，他们是非常强壮的。此次测试的结果显示他们手掌的握力达到了150磅左右。他们把自己当作大力士时，他们的实际体力可以加大百分之五。

这个测验证明了心理想法的巨大作用。

为了更加进一步解释思想的显著作用，我讲述《美国年鉴》中一个令人感到非常惊奇的故事。这个故事的内容可以编成一本书，在此我只简单描述一下：

内战刚刚结束后的 10 月的一个非常严寒的晚上，有一个流浪在街头的穷女人流浪到了曼彻斯特韦伯斯特太太的家门口，开始使劲地敲门。

韦伯斯特太太开门后，看见了一个非常可怜的瘦弱的小女人，"她的体重不到 80 斤，一身皮包骨头的样子"。这个瘦小的女人是格拉瓦夫人，她说她想寻找一个栖身的地方，她不想流浪了想停下来思考一个非常重要的问题，这个问题常常困扰着她。

"你就待在我家吧。"韦伯斯特夫人说，"我自己一个人住在这个大房子里，非常宽敞。"

没过多久，韦伯斯特夫人的女婿比尔从纽约回来度假。他发现格拉瓦夫人后，马上喊叫起来，说道："我绝不可能让一个无家可归的人待在我家。"于是他把格拉瓦夫人撵出了大门。当时是夏天，外面正下着瓢泼大雨，格拉瓦夫人在雨中裹紧身上的衣服，她再一次继续沿街寻找遮蔽风雨的地方。

这个故事惊奇的地方在于，被比尔撵走的那个瘦小女人却对人类的思想做出了很大的贡献，因为她就是拥有上百万信徒的基督科学教派的创始人——玛丽·贝克·艾迪。

之前，她经历了数不清的疾病、悲伤和惨剧。首先她的第一个丈夫在她们结婚不久就病死了；她的第二任丈夫却抛弃了她，跟着别的女人私奔了。其次，她一辈子只有一个儿子，可是因为疾病和穷困，她迫不得已在儿子很小的时候将其送给别人抚养。于是她离开了唯一的儿子，后来30多年没有再见过自己的儿子。

多少年来她一直做一种叫作"心灵科学恢复"的事情，她对这个很感兴趣。可是在马萨诸塞州却发生了对她产生巨大影响的事情。有一天，天气很冷，她在走路时一不小心滑倒了，摔在结满了冰碴的人行道上，当时就不省人事。她的脊椎骨摔断了，最后她浑身痉挛，抽搐不已。以至于医生都说她没救了，就算发生奇迹，她从此也再不可能站起来了。

她绝望了，躺在病床上等死的时候，不经意间翻开了床头的《圣经》，读到了马修的一段话："于是，他们把一个瘫痪在床的人抬到耶稣跟前，耶稣对他说：'孩子，你放心地活着吧，我已经赦免了你所有的罪行，站起来吧，回家去吧，还有带着你的床。'"说完，那个瘫痪在床的人就真的起身扛起床回家去了。

耶稣的话在她心里生出一股神奇的能量，坚信自己能够痊愈，这让她最终能下地开始走路了。

玛丽说："那次生病的经历，就像是牛顿眼中的苹果，指导我找到了治愈自己和他人的办法，找到了治疗心理疾病的科学方法，那是一种内心的力量，一种心理效应。"

在这个基础上，玛丽创立了一种新宗教——基督科学。这是唯一的由女人创立的流行世界的宗教。

我猜你现在一定会说："卡耐基在向人们宣传基督科学。"我想你错了，首先我不是基督科学教的教友。可是随着岁数的增长，我越来越发现思想所起的巨大作用。35 年成人教育的经验，让我明白人们可以消除忧虑，摆脱恐惧和各种疾病，甚至于通过改变思想来改变人生的轨迹。我相信！我确信！因为我上百次见到了这种转变，我对此任何怀疑都没有。

这样的转变还发生在我的一个学生身上，他的名字叫作弗兰克。他的精神曾经崩溃过。这都是忧虑造成的。弗兰克曾经和我说："当时我对所有的事情都忧心忡忡，担心自己身体太瘦，担心自己的头发长得不够好，还掉头发，担心自己没有足够的钱用来结婚，害怕自己当不了一个好父亲，担心自己娶不到心仪的女孩做妻子。总是感到自己生活的状态太坏了，害怕给别人留下不好的印象。我非常担心胃溃疡让自己无法继续工作下去，最后只好辞职。忧虑就这样在我的心里聚集，让我快成了一个丢掉了保险阀的高压锅。压力越来越大，压得我喘不过气来，最后只能爆炸。祈求上帝，我的精神快要崩溃了，让它离我远一点，痛苦的身体根本不能和痛苦的精神相比拼。

"我的精神疾患非常严重，有时候我都不能走回家。我的思维非常混乱，心中的恐惧无处不在，哪怕一丁点的噪音也可导致我心情大坏，直至暴跳如雷。我不愿意见每一个人，有时候会没来由地痛苦到大哭一顿。

　　"每活一天对我来说都是一种人生的折磨，自己感觉到连上帝都不要我了。甚至有时候想着跳河自杀算了，活着没有一点儿意思。

　　"于是我想去佛罗里达州游玩一次，希望能改变一下自己的现状。就在我要踏上火车的时候，来给我送行的父亲给了我一封信，他要我到了目的地后再打开。我去的时候，正是佛罗里达州的旅游旺季，所有的宾馆都满员，我找不到住宿的地方。直到最后，才在一个车场租到了一个小屋子。我马上想着去找一份工作，可是没有一份工作属于我。在那儿逗留的时间，我每天都在沙滩上没有目的地走，在佛罗里达旅游的日子比在家里还要难过。这时候，我不经意间想起了父亲的信，于是我马上回到住宿地打开了信。信上说：孩子，你现在离家有 1500 英里的距离了，可是你肯定没有好转的迹象。那是因为你把烦恼的根源也带走了，那就是你自己。你的身体和大脑都没有生理性疾病，不是你以前的经历击败了你，是你的悲观想法打败了你。一个人的想法决定他是怎样的人。假如你意识到了这个，那就直接回家吧，你已经完全好了。

　　"父亲的信让我非常生气，我一直在寻找同情，而不是教训。气得我做出永远不回家的决定。我在迈阿密的大街小巷闲逛，我来到一个教堂的门口，看到里面正在做弥撒。因为没有地方，于是我就进去了，听到有人正在说：'征服一个人的心灵要比征服一座城市还要艰难。'我坐在这样美丽的教堂里，听到了和父亲给我的信中一样的说法，这样的情景把我头脑中的烦恼全部消除了，我从出生以来首次可以理智地思考了。我已经看到了我从前的错误。我开始认识自己了，这让我吃惊不小。原先的我想要改变世界和世界上的所有人，可是真正需要改变的原来其实是我自己。

"就在教堂听完弥撒的第二天，我马上收拾行囊，踏上了回家的列车。一个星期后，我回到了工作岗位。几个月后，我娶了一直喜欢并害怕失去她的女孩，我们现在已经有了5个孩子，一家人生活非常幸福美满。无论是物质，还是精神，上帝对我都非常慈祥可亲。在我精神崩溃的时候，我还只是个小部门夜班的领班，只负责管理8个员工。现在我成为大部门主管，手下有450名员工。我的日子过得更加安稳，我明白自己找到了生活的真谛。当悲观不安的情绪又一次来袭时，我一定要调整好自己的想法，然后一切就会顺利。

"我非常庆幸自己是一个精神病人，因为由此我找到了我们的思想对心灵和身体的巨大作用。现在我的思想为我工作，而不是跟我作对。我知道了父亲是对的，他在信中说不是环境使我感到痛苦，而是我对环境的想法不对头。当我认识到这点时，我就完全治愈了。"这个就是我学生让人难忘的故事。

我非常相信宁静和快乐不是取决于身在什么地方，或者是我们拥有什么，或者我们是谁，而仅仅取决于我们的想法。其实环境对我的影响甚微。再一次来看看老约翰·布朗的故事吧，约翰·布朗抢占了一个美国兵工厂，并且煽动奴隶反抗奴隶主而被判绞刑。他坐在棺材上，被送往砍头的刑场。他旁边的狱官一脸紧张，而他却神情悠闲。他看到弗吉尼亚州蓝色的巍峨的大山，高声喊道："多么漂亮美丽的国家啊！只是可惜我从前没有好好观赏过它的美。"

再讲一个令人惊叹的故事，那是罗伯特·司各特和他队友的故事。罗伯特·司各特是第一个到达南极的英国人。他们回来的路途是人类经历过的最艰难的历程。当时他们的食物和燃料已经没有了，极地的暴风雪刮了整整 11 个昼夜，他们一步也前行不了。凛冽的寒风能把冰脊刮断。司各特和他的队友明白他们活不下去了，他们拿出来预先藏好的鸦片烟来对付这样的状况，这会让他们能在吃掉鸦片后在睡梦中安静地死去。后来他们没有服用鸦片，而是唱着歌在暴风雨中死去的。等到 8 个月后，搜索队找到了他们的尸体，并找到了他们的遗书。遗书的内容是这样的：

假如我们的心中充满勇气和平静，即使坐在去往刑场的棺材上，仍然能欣赏风景；即使在寒冷和饥饿中等待死亡，我们仍能欢歌。

失明的弥尔顿在 300 年前也发现了这样的道理：心灵有自己的天堂，它能把地狱变成天堂，也能把天堂变成地狱。

拿破仑和海伦·凯勒就是弥尔顿这句话最好的证明。拿破仑拥有所有的荣耀、权力和财富，可他说："在我这辈子里，愉快的日子没有超过 6 天。"可是比较之下，又盲又聋又哑的海伦·凯勒却这样说："我觉得我自己的生活太好了。"

过了半个多世纪，所有的经历教给我这样的道理："只有你自己才能让自己心情平静"。

我引用爱默生作品《自立》中最后的话："政治的战略、房产的收获、健康的身体、朋友的重逢或其他事情都会激励你的精神，使你认为美好的生活就在前面。可是事实并不是这样的，只有你自己能使自己平静。"

希腊斯多葛派哲学家埃皮克提图告诫我们："错误的思想要比肿瘤还要可怕，我们一定要消除它们。"

这些话是埃皮克提图在2000多年前说的，可是现代医学居然验证了他的观点。罗宾森医生说："在霍普金斯医院就诊的一大部分病人，都受到精神要崩溃的困扰。究其根源，原来他们都有生活上的不调和的问题。"

伟大的法国哲学家蒙田先生总结一生写下格言："影响人类的不是已经发生的事情，而是人类对事情的看法。而这种看法完全取决于我们自己。"

我是在说当你面对厄运时，可以通过你的想法来改变你糟糕的精神状态。对，这是我要说的。但是还不完整，我还要让你明白，如何做到秘密而且简单。

威廉·吉姆斯是实用心理学的大师，他说过这样一句话："行动会跟着感觉走，可是实际上行动和感觉是一起进行的。通过调整受意志力支配的行动，我们就能间接调节感觉。"

或者这样说："我们不能机械地下决心来变化情绪，但是可以改变行动。当你决定改变行动时，感觉自然就跟着改变了。"

　　他还告诉你："假如你一点儿也不开心，想要开心，你可以欢喜地坐好身体，然后说点欢喜的话，做一点高兴的事情。"

　　这个简单的办法会有什么效果吗？事实上，它是十分有效的！你如果不信，可以试试。坐直身体，然后深呼吸，唱几句流行歌曲。假如不愿意唱歌，吹吹口哨也好。假如你不会吹口哨也可以小声哼哼几句。你立刻就会发现，当你很开心的时候，忧伤和烦恼就会一扫而光。

　　这样的奇迹在我们每个人身上都会发生。我认识一个老夫人，这里我不提她的名字。我相信她要是明白了这个秘法，她烦恼的事情就会在24小时里无影无踪。她是个寡妇，是一个不幸的女人，她从来没有表现出很欢喜的样子。假如你问她的感觉，她说很好。可是你看她的表情，却仿佛在抱怨说："你要是和我有同样的经历，你就会明白我的痛苦有多深了。"如果你在她面前展现出欢喜的样子，对于她来说好像是罪过。

　　说实话，这个世界上比她不幸的女人多的是。她丈夫给她留下了非常多的钱来让她安度晚年。她的孩子们都早已成家，而且都可以随时接她去家里。可是她的脸上难得有一丝笑容。她一直埋怨三个女婿很小气。她每年都要在每个女婿家里待上几个月。她还抱怨女儿们从来也不给她买生日礼物。为了自己的养老问题，她让自己和家人都欢喜不起来。可是这件事情一定要这个样子吗？如果她想改变，她可以把自己从一个悲惨的怨妇变成一个受人尊重和欢喜的家长。如果有这样的改变，她一定会做出欢喜的样子，做出付出关心的样子——不是整天在悲惨境地里不能自拔。

我还认识一个叫英格勒的人，他住在印第安纳州。我的这个秘方曾经救过他的命。大概10年前，他得了猩红热，经过治疗好转了，可是他又得了肾炎。他找过很多医生，还试着吃过用过很多偏方，就是治不好他的这种病。

大概几个月前，他的身体又出现了并发症。血压升高，最高值到了214，情况非常糟糕，医生都告诉他要准备后事了。

他说："我马上决定回家，先确定自己买的保险是否还有效，然后就整天浸泡在痛苦的海洋里思考，每天都不高兴。全家人都心情压抑。过了一个星期自怨自艾的生活后，我对自己说：'现在的你就是一个傻瓜，你有可能还能活几年，活着的时候怎么不试着开心呢？'

"于是，我坐直身体，脸上露出笑容，表现得好像一切都正常。我承认开始的时候非常难受，可是我强迫自己欢喜起来。这样使我的家人好过些，也帮助了我自己。

"第一，当我假装开心时，我的心情好了，而且每天状况都能更好一些。因为几个月前我被医生断定活不了多久。可是现在我还心情高兴地活着。我的血压也开始下降。如果我还像生病时那样在悲惨中等死，医生的断言就会实现了。可是我啥都没改变过，只不过是改变了一下欢喜的心态，这样身体就给了自己一个自我修复的机会。"

我问你一个小问题：假如只要你表现出欢喜的样子，积极地思考，那样就能挽救生命，你是否还愿意为自己的不幸而痛苦？

只要你装着开心，就能创造快乐，我们为啥要让自己和身边的人不开心呢？

许多年前，我读到了让我受益匪浅的一本书，就是吉姆斯·艾伦所写的《当人类开始思考》，书中这样说：

"人类在改变对事物的想法时，事物也会改变对人类的态度。假如一个人想改变对另一个人的想法，那么另一个人的日子就会发生巨大变化。其实，真正改变我们命运的神奇力量来自于我们自己。一个人所取得的成功都是思想的结果。在他积极思考时，才能有作为，而悲观只会令他一事无成，精神颓废。"

根据《创世纪》中的记载，上帝非常大方地给了人类一个礼物，就是控制整个世界的权利。我这个人对这种权利不感兴趣，我只想能控制自己的思想、战胜自己的恐惧、提高自己心智。让我们牢记威廉·吉姆斯的话："只要人类将恐惧的心态改变为奋斗的心态，所谓的不幸就会变成激励人生前进的动力。"

"让我们为自己的快乐而奋斗吧！"

为了快乐，我们每天都要遵守"为了今天"的计划吧。这个计划非常激动人心，我已经给朋友和陌生人送出了几百份。这是30年前一个女预言家写的。假如人们能按照这个做下来，他们的忧虑都会消失，并大大提高生活的乐趣。

为了今天

1.为了今天，我要变得高兴，就像林肯所说："每个人都可以决定自己的心情。"高兴的心情来自内心，而不是外在事物。

2.为了今天，我会调整自己的心态，而不是随着我的想法来改变现实事物。我会努力让家庭和睦、生意畅通和运气顺达。

3.为了今天，我会注意身体健康：坚持锻炼、滋养身体，关注内心，绝不滥用自己的身体。

4.为了今天，我会锻炼自己的心力，学习积极向上的知识，为了避免心灵懒怠，我要攻读那些需要努力、思考和专注的读物。

5.为了今天，我锻炼自己的心灵，我要安静地做好事。至少做两件以前不愿做的事。这样做就是为了让心灵飞起来。

6.为了今天，我要让自己受到别人大力的欢迎。我会注意表情，穿着得体，举止文雅，多予赞扬，少给批评，不挑剔任何事、任何人的毛病。

7.为了今天，我会集中精力把今天的事情做好，而不去要一天解决一辈子的问题。我不会想那么远，一天工作12小时，可是想到一辈子都这样过，就会吓坏我。

8.为了今天，我会写下详细的计划。首先把每个小时要做的事都记下来，然后严格地按照计划做，这样避免无计划性。

9.为了今天，我会用半个小时来放松自己。在这半个小时里，用来祈祷和期待美好的未来。

　　10.为了今天，我会变得勇敢。用心欣赏美丽的事物。勇于接受、爱别人并相信别人也会爱我。

　　想要拥有平静和愉快的心态，第一条原则是：快乐地做有意义的事情，你就会变得快乐。

第二章

不要报复你的敌人

　　几年前我旅行经过黄石公园，在一个晚上，公园里一位管理人员骑着马过来，与我们这群兴奋的游客攀谈起来，他给我们讲了有关灰熊的事，那是一种大概能够击倒除了水牛和另一种黑熊以外西方所有动物的大灰熊，但那天晚上，我却观察到一只能在大灰熊面前自由来往的小动物，甚至看见它与那只大灰熊在灯光下一起共食。那是一只臭鼬！大灰熊明明可用一掌之力把这只臭鼬打昏，可它为什么允许臭鼬和自己和平共处呢？

　　因为已有的经验告诉灰熊，这样做十分划不来。

　　我也非常认同这个观点。小时候，我曾在密苏里州的农庄里为了抓一只臭鼬而大费周折，成年后，我碰到过一些如臭鼬般的人。在不幸的经验教训里我发现：无论你去招惹哪种臭鼬，其实都是划不来的。

　　当我们仇视自己的敌人时，反倒是在赋予他们取胜的力量。那力量足以影响我们的胃口、睡眠、血压、健康以及快乐。如果让我们的敌人得知这些事令我们苦恼、担心，相信他们会手舞足蹈，更加得意。要知道我们心中的恨意不能伤害到对方丝毫，却可以使自己的生活变得无比糟糕。

　　"假如有自私的人想占你的便宜，那么最好不要去理睬，更不要想去报复他们。因为一旦想跟他扯平的时候，其实伤害自己会比伤到那个人更多一点。"这段话出自由密尔沃基警察局所发出的一份通告。报复仇人为什么会伤害到自己呢？而且为什么这种伤害会远远超出你的想象呢？因为报复很可能会损坏我们的健康。《生活》杂志说："高血压患者的一大特征就是很容易愤慨。""愤怒如果不能得到很好的控制，随之而来的很可能是高血压和心脏病。"

　　很多人不理解为什么说要"爱你的敌人"，现在看来，那不只是一种道德上的教化，更是对 20 世纪医学的一种宣扬，其实耶稣也是在教会我们如何避免高血压、心脏病、胃溃疡和许多因仇恨而产生的其他疾病。

　　医生们都清楚，那些心脏有问题的病人，很可能会因发脾气而丢了性命。几年前，华盛顿州史泼坎城有一位饭店的老板就是因发脾气而死。我对此事的了解源于华盛顿州史泼坎城警察局局长杰瑞史瓦脱的来信。信上写道："几年前，史泼坎城的一家饭店老板——68 岁的威廉·传坎伯因为所雇佣的厨师非要用盛菜的碟子喝咖啡而火冒三丈，结果突发心脏病而倒地死亡。他的验尸报告上写明：他的心脏病是因愤怒而引起的。"

如果我们做不到去爱我们的敌人，但至少要学会如何更爱自己。假想我们的敌人得知我们因对他的怨恨而焦躁不宁、紧张不安、精疲力竭、容颜憔悴，并且患上心脏病，从而可能短命的话，他们是不是会拍手称快呢？

莎士比亚说："不要因你的敌人而燃起一把怒火，烧伤自己。"要让敌人难以控制我们的快乐、健康和外表，那样才是生活的强者。

乔治·罗纳在维也纳做律师已经有许多年了，我的面前放着一封他寄来的信，他告诉我这样一件事情：在第二次世界大战期间，他逃到了瑞典急需找份工作。由于他能说会写好几国的语言，所以便把求职的方向定在能做一家进出口公司的秘书的工作上。在求职的过程中，他收到了多家公司的回信，都是告诉他因为正在打仗而暂不需要这一类的人。

可是有一封回信却是这样说的："你完全错误地理解我的生意了，我不用秘书替我写信。你不仅傻而且笨，即使我需要这方面的人，也不会雇佣你的，因为你的来信中错字连篇，你连瑞典文都写不好。"

可想而知读完这封回信，乔治·罗纳气得发疯。那个瑞典人竟还说他写不通瑞典文！分明他自己的信就错误百出。乔治·罗纳的第一个想法是也写一封回信，讽刺那个人的错误从而激怒他，让他也大发脾气。可是冷静下来后，乔治·罗纳觉得自己的想法很幼稚，难道那个人的说法是错的吗？瑞典文毕竟不是我的母语，或许我真的犯了很多我并没有意识到的错误。假如是那样的话，在得到一份工作前，我需要再继续努力学习。这么看来，那回信的人有可能倒是帮了我一个大忙。虽然他的话如此无礼，但我依然可以从中受惠不是吗？所以不如写封感谢信给他。

　　下定决心后，乔治·罗纳在信中写道："对于您不怕麻烦给我写信，我十分感谢，特别是您告诉我把贵公司的业务弄错的事，我感到十分惭愧和抱歉。通过别人的介绍，我了解到您是这一行业的领头人物，所以我给您写了信，在您给我回信之前我还不知道自己的信上有很多文法错误，我觉得很惭愧和难过。不过，我认识到自己的不足，以后会更加努力地去学习瑞典文，这真是要感谢您。"

　　因为这封谦虚诚恳的信，没几天，乔治·罗纳又收到那个人的回信，信中那个人邀请罗纳见面。罗纳前去拜访了那个人，随后在他的公司谋得了一份差事。看，如果当时罗纳恶语回击的话，恐怕不但得不到心理上的平静反而会失去一份工作。乔治·罗纳由此得出，"消除怒气莫过于学会温和地回答。""棍子和石头也许会打断我的骨头，可是言语永远无法伤害我。"

　　作为普通人，我们很难做到像圣人那样去原谅自己的敌人，如果实在感觉困难，可以试着这样想，原谅我的敌人是为了自己的健康和快乐！这实在是很聪明的做法。有一次，我问艾森豪威尔将军的儿子约翰，他父亲会不会一直怀恨别人。

"不会，"他回答道，"我爸爸从来不浪费一分钟去想那些他不喜欢的人。"看！这是位多么睿智的将军。

纽约州前州长威廉·盖诺曾经历过一段很不幸的日子，先是被一家内幕小报抨击得一无是处，接着又被一个疯子开枪击中，险些丧命。他回忆说："在医院里苦苦挣扎的每个晚上，我都在设法原谅所有的事情和每一个人。"如果你觉得他这样是太善良、太理想化了，那就让我们来听听"悲观论"的作者——伟大的德国哲学家叔本华说过的话："假如可能的话，应该对任何人不怀有怨恨的心理。"其实我更觉得，威廉·盖诺在病床上去选择原谅，会大大减轻他的痛苦。

伯纳·巴鲁是位经历传奇的人，他曾经做过威尔逊、哈定、柯立芝、胡佛、罗斯福和杜鲁门这六位总统的顾问，我有幸能去拜访他，在回答我的问题："您是否因为受到敌人的攻击而难过"时，他这样回答我："我不受任何人的羞辱或者干扰。"他进一步说："我绝不让他们的目的得逞的。"

实际上，只要我们愿意，确实没有人能够羞辱或干扰我们——除非是我们在心理上同意让别人这样做了。

一旦来到加拿大杰斯帕国家公园里，我就会仰望那座用伊笛丝·卡薇尔的名字来命名的山，1915 年 10 月 12 日伊笛丝·卡薇尔被德军枪毙。她曾是位护士，在比利时的家中收留和看护了很多受伤的英、法士兵，还想办法协助他们逃到荷兰去，这是她被枪毙的原因。在被执行枪毙的那天早上，一个英国教士走进她的牢房为她做临终前的祈祷，伊笛丝·卡薇尔对教士说了两句话："现在我才知道仅仅有爱国心还不够，我对任何人都一定不能怀有怨恨和敌意。"4年之后，她的遗体才被转放在英国，人们在西敏寺大教堂为她举办了隆重的安葬仪式，并在国立肖像画廊对面树立起她的雕像。在伦敦居住的那段时间，我经常到伊笛丝·卡薇尔的雕像处看看，心里默默咏诵她临刑前的不朽名言：我知道仅仅有爱国心还不够，我一定不能对任何人怀有怨恨和敌意。

如果你无法轻易做到，那就试着让自己去做一些超出自己能力范围的大事。在忙碌拼搏中，你会发现，你所遇到的侮辱和敌意原来根本就没那么重要。

再举个例子，1918年，在密西西比州松树林里上演过一件极富戏剧性的事。在那里，我认识的一位黑人讲师劳伦斯·琼斯创办了一所在今天可算妇孺皆知的学校，几年前，我曾去他创办的学校参观过，还应邀对全校师生作了一次演说。不过我现在着重要说的事情却发生在第一次世界大战时，战乱让那时的人们感情极易冲动，那时在密西西比州中部流传着"德国人正在教唆黑人起来叛变"的流言。由于劳伦斯·琼斯就是黑人，还是一位有感染力的讲师，当时就有人控告他激起了族人的叛变。证据是许多白人在教堂外面听见劳伦斯·琼斯对听众义正词严地说："生命，就是一场战斗！每一个黑人都应该穿上盔甲，用战斗来求生存与成功！"因为在那个敏感时期，他的演讲里包含了"盔甲""战斗"等字眼，这就够了。于是听到这句话的白人们趁着夜色纠集了一大群暴徒回到教堂，将劳伦斯·琼斯用一条绳子捆住，拖到 1 英里以外，放在一大堆干柴上面。激动的人群迅速点着了火柴，准备一面把他吊死，一面对他施以火刑。正在这千钧一发之际，有个人突然叫起来："在烧死他之前，让这个多嘴多舌的人再说句话。说话啊！说话啊！"于是脖子上系着绳索，站在柴堆上的劳伦斯为他的生命和理想发表了可能是人生中最后一篇的精彩演说。

劳伦斯·琼斯 1900 年毕业于爱荷华大学，在校期间，他的善良、纯朴、博学以及在音乐方面的才华，获得了所有老师及同学的喜爱。

毕业以后，他拒绝了优越的职位和有钱人资助深造的机会，而是选择回到南方最贫瘠的地区——密西西比州灰克镇以南 25 英里的小地方，在那里他把自己的手表当了 1.65 美元后，就以树木为原料制成桌子，创建了首个露天学校。他怀揣着一个非常远大的理想，在他阅读布克尔·华盛顿传记时，就已经决心要投身于教育事业，去帮助、教育那些因贫困而无法上学又渴望知识的人。于是劳伦斯·琼斯告诉那些愤怒的、等着要烧死他的人们，自己曾做过的各种奋斗，在他的帮助和教育下，那些没有上过学的黑人男孩和女孩，逐渐成为出色的工匠、厨子、农民、家庭主妇。他谈到对帮助过他建学的一些白人的感谢，那些白人送给他木材、土地、猪、牛和钱，协助他完成理想，继续他的教育工作。

　　后来劳伦斯·琼斯被人问起，会不会憎恨那些准备烧死、吊死他的白人，"我没有时间去跟别人吵架，"劳伦斯·琼斯回答说，态度非常诚恳。他说自己十分认可父亲经常诵读的那些话："爱你们的敌人，善待恨你们的人；诅咒你的，要为他祝福；凌辱你的，要为他祷告。""我想只要怀揣理想的人，就会一再重复这句话，我的父亲做到了，这也使他自己的内心得到了很多贵族乃至君王都无法追求到的安宁平静。"

　　因此，要让自己保持平静和快乐的第二大原则是：永远不要对你的敌人心存报复，那样对自己的伤害远胜于对他们的伤害。

第三章

不求回报的付出是一种快乐

一位逝去的哲人曾说过："一个愤怒的人，是全身都有毒的人。"我觉得这个毒不但会波及周围的人更加会伤害自己。最近，我就遇到一个满肚子怨气的人，虽然让他气愤的事情已经过去11个月了，我们刚一见面他就向我怒气冲冲地谈起那件事，经过是这样的：圣诞节那天，他将1万美元作为奖金发给了自己公司里的34名员工，每个员工大约得到了300美元，和他预想中相反的是，没有一个员工前来感谢他。他因此而越想越生气，并特别后悔竟然给他们发了奖金。

听了他的诉苦，我更多的是为他感到悲哀。因为他已经60岁了，根据人寿保险公司对人均寿命的统计数字来看，如果运气不错的话，他大约还有十四五年活着的时间。可是在他所剩的宝贵时间里，却浪费了近1年的时间来为一点小事愤愤不平，让自己气愤，这确实不值得。

我觉得他也应当反省一下：为什么员工都不感激他呢？是不是因为员工们平时的待遇就太低、工作时间太长呢？或者是大多数公司都有节日奖金，所以大家认为这是他们应得的报酬呢？或许大家还认为，反正大部分工资都要缴税，那不如当成奖金发给大家算了。又或许老板平时就被认为是个苛刻、吝啬而不知感恩的人，所以员工都不敢也不想感谢他。

如果换个方向再来分析他手下的员工，也许不幸的，老板真的雇佣的都是些自私、卑鄙、不懂礼节的人，可是，无论什么原因，就像约翰逊博士说过的那样："感恩这种东西你不可能随便地就从一般人那里得到，只有非常有教养的人才懂得。"

明确地说，指望别人感恩的人的确不知晓人性。这将犯下一个常识性的错误，如果你觉得小事可能不容易得到感恩，那如果救了一条人命呢？你会期待他感恩吗？很多人会觉得当然会。但著名的刑事律师塞缪尔·莱博维茨为我们证明了这一点。在他当法官后，曾让78名罪犯免去了上电椅的极刑。你能猜想到这些人中会有几个登门向他道谢，会有几个寄张卡片来表示感谢？

你应该可以猜对：没有一个人。

如果你的付出是和钱有关，那就更不必奢望别人的感恩了！

说到这里不禁让我想起了查尔斯·舒瓦特对我讲的一件事，他曾好心帮助过一位挪用公款去炒股而最终赔得精光的银行出纳员，舒瓦特出钱帮他弥补了挪用的亏空，让他避免了牢狱之灾。后来这位出纳员的确感谢过他一段时间，但是过了没多久这位出纳就跟他的恩人反目。

如果你还不相信，觉得如果付出的金钱多，总会被感激了吧，比如说送给你的亲戚100万美元，他是不是就会非常感谢你了呢？安德鲁·卡内基就曾送给他的亲戚100万美元，不过，在他去世后，这位接受馈赠的亲戚却用恶毒的话语诅咒他！这到底是为什么呢？就是因为虽然卡内基给了他数额不小的财产，但是还将另外3亿多财产捐给了慈善基金，这就是人世间的事，这就是人性。罗马帝王马可·奥勒留曾在日记中写道：

我经常遇到一些在背后说我自私自利、忘恩负义、心胸狭窄的卑鄙小人。我觉得没有必要为此小题大做或是因为这些而忧虑，因为目前我还找不到一个没有这些人存在的世界。

马可·奥勒留说的话是面对现实生活的一种智慧。我们每天都在埋怨他人不会感恩，那么这到底是谁的过错呢？不要去指望别人对你心怀感恩，这就是人性。如果有时我们的付出会获得他人的感谢，那无疑是生活给我们的一份惊喜。没有的话，请不必后悔，更不要让自己陷入难过。

想要追求真正的快乐，首先就要摒弃他人是否会对你感恩的念头，真正快乐的秘诀在于，只享受付出的快乐。

要是我们总是在期待别人的感恩，那完全是在自寻烦恼。你要了解，忘记别人给自己的恩惠实属人的天性。我在纽约认识一个老太太，每次去看望她时，她总是埋怨自己非常孤独，很少有亲朋前来探望她。她会对你唠唠叨叨地说上几个小时，所讲的全部都是她是如何对侄子们的付出，如何将他们养大，如何细心照料生病的他们，如何资助他们的学业等。然而，侄子们也很少回来看望她！在那之后，她的侄子们是否回来看望过她呢？他们回来过，但仅仅是出于义务。因为他们感到恐惧，生怕她又会几个小时地讲述过去的事情，然后不停地自怜和抱怨。当这位老太太发觉自怨自怜已经不足以再让侄子们来看她时，她便使出最后一招：让心脏病发作了。

心脏病当然是装不出来的，医生说是因为她的情绪太容易激动，心跳波动很大，所以她的病完全是因为不良的情绪而引发的。

或许这位老太太需要的是被亲人关爱，然而我觉得她真正想要索取的却是感恩。但是她不明白，她可能永远都得不到侄子们的感恩，而她却觉得理所当然，所以，她直接向别人提出要求，当然也获得了侄子们不愿意见她的结果。

好好想想，我们的生活中有多少人是和她一样的，因为别人不懂感恩而想不开，在孤寂中得病。他们渴望被感激、被尊敬、被关爱，但他们不知道的是，这个世界上唯一能得到爱的正确方式是：给予，但不要求回报。

有人说不求回报似乎过于理想，不太实际。但这的确是追求幸福的最佳途径。我的父母总是愿意热心地帮助别人，那时我们家也非常贫穷，还总欠别人的债，但父母每年都要凑出一点钱给孤儿院寄去。他们这样做不是为了得到什么，也从来没去这所孤儿院访问过，除了收到过感谢的回信之外，并没有人来我家感谢过，但我的父母觉得很满足，因为他们在这个过程中得到了心理上的宽慰，他们就是从不期待得到他人感恩与回报的人。

在外地工作的日子，每年圣诞前，我都会给父母寄钱，让他们用来买些自己喜欢的东西，但他们节俭惯了，总是不舍得给自己买什么。当我回家过节时，父亲会告诉我，他们用我的钱买了日用品和煤等，去送给一个独自带着几个孩子的贫困母亲。给予但不求回报，这就是我父母生活中最大的快乐。

亚里士多德说过："真正懂得人生的人，能深深体会到给予的快乐。"我相信我父母的人生是符合分享欢乐这一最高标准的。

像莎士比亚戏剧中的李尔王所喊出的："不懂感恩的儿女，甚至比毒蛇的毒汁还能伤人的心。"在生活中很多父母会埋怨儿女如何不知感恩，殊不知忘恩其实就是人的本性，它犹如野地的杂草可以随时滋长；而感恩则像玫瑰，需要投入情感的精心培育。假如没有父母的教导，孩子们又如何懂得感恩呢？如果子女们真的不知感恩，那么责任又在谁身上呢？也许身为父母的我们要先进行下反思。从小不去培养子女感恩的品德，又如何能期待他们长大后会来感谢身为父母的我们呢？

我有一位朋友，在芝加哥木箱厂工作，虽然工作强度很大，周薪却只有40美元。后来他娶了一个寡妇为妻，妻子带来两个和前夫的孩子，在妻子的说服下，这个朋友向银行贷款供这两个孩子上大学。他整天像苦役般为房租、燃料、衣服、食物等忙个没完，一干就是4年，可是他从来没有抱怨过。

可是这两个养子并没有感谢他，因为妻子认为这是他应该做的，所以两个孩子也更加认为这是继父理所应当负的责任。他们觉得对这位含辛茹苦帮助他们完成学业的继父没有任何的亏欠，甚至连一句感谢的话都没有说。那么责任在谁呢？或许是在两个孩子身上，可这位母亲的责任更大不是吗？是的，她只是不想让孩子们背上心理上的包袱，因此连一句"你们的继父贷款去资助你们完成大学的学业，他是一位多么合格的好父亲！"这样的夸赞都不曾说过。她给孩子们传递的态度始终是："那是他应该做的事。"

相信这位寡妇的初衷是在替孩子们着想，可事实上，她却犯了可怕的错误。后来，在这种错觉引导下她的孩子犯下了错误，其中一个儿子因为向老板"借点钱"，结果被判有罪被投进监狱。

我们不去向别人索取感恩，但是一定要以身作则去教育我们的孩子，这对他们的未来至关重要。在我的记忆中，姨妈是一个从不抱怨儿女不懂感恩的人。姨妈自己有6个孩子需要抚养，在我儿时的记忆里，有一个镜头非常难忘：姨妈的母亲和婆婆一同坐在姨妈家火炉前，温馨而幸福。那时姨妈一个人要照顾两位老人，还要照顾自己的孩子，现在想来一定很辛劳，可是，从她的表情上察觉不到一丝怨意。她对两位老人问寒问暖，让她们体会到家庭的温暖。这一切对她来说，都是应该做的，她所做的一切应该都源于爱。现在姨妈已守寡20多年了，她的5个已成家的儿子都非常爱她，都抢着想把她接到自己家里去住。这是他们出于对母亲的"感恩"吗？肯定不是。那是因为她的儿女们都非常爱她，是源于一种真正的爱！正是因为在他们的童年，母亲就给了他们充满爱与温馨的家庭氛围。所以如今，照顾他们慈祥的、不求回报的母亲，也是出于真心的爱，这当然是件非常自然的事。

如果想要儿女懂得感恩，就必须先让自己成为这样的人。要知道父母的一言一行，将深深影响孩子们的身心。在我们的孩子面前，绝对不能轻易指责别人的善意，比如说"你看表妹送我的圣诞礼物，肯定没花一分钱而是她自己做的"这类蠢话。而是应当这样说："表妹为准备这份精美的圣诞礼物，亲自动手，这得花她多少时间！她太好了！我们得写封信来谢谢她，告诉她我们很喜欢。"只有这样，我们的孩子才会养成懂得欣赏和感恩的习惯。

让自己内心平静和快乐的第三大原则是：不要期待他人的感恩，不求回报的付出就是一种快乐。

第四章

细数从生活中得到的恩惠

其实我们每天都生活在美丽的童话世界中，但却看不见美好，感觉不到幸福，这是为什么呢？

哈罗·艾伯特是我上学时的教务主任，我们认识有很多年了，他一直给人愉快的形象。后来在一次他开车送我回密苏里州贝尔城的路上，我问他是怎样让自己保持愉快的，他没有直接回答，而是给我讲了一个非常有趣的故事：

以前，我经常为很多事情忧虑，你也许无法想象，

1934年春季里的一天，走在韦伯镇西道提街上看到的一个景象，让我从此再也不会忧虑了。那时我在韦伯城开了两年的杂货店，各种原因，杂货店倒闭了，我为此赔光了全部积蓄，还欠下了一笔债。于是我计划先去工矿银行借些钱，然后再去堪萨斯城那边找一份工作。我像个失败者一样走在路上，丧失了信心和勇气。就在这个时候，迎面突然来了一个没有腿的人，他坐在一个下面装着溜冰鞋轮子的木制台子上，两手各握着一根木棍，用来拄着地面在街道上滑行。我注意到他的时候，他刚好要从街对面横穿过来，正准备将自己抬高几英寸，以便可以到人行道上来。在我们俩目光对上的一瞬，他对我微微一笑，说："早上好先生！今天的天气真不错啊，难道不是吗？"虽然这件事只发生了短短的10分钟，然而，却让我学会了如何生活，这比我过去10年里所学到的全部知识都重要。

因为我发觉自己是多么的富有，我身体健全，即使一时失败了，还可以做任何事情，我为我刚刚的自怨自怜感到羞耻。我告诉自己，残疾人都能够做到的事情，我一样可以做到。于是我重拾信心，带着勇气到工矿银行里借了200美元，并且在堪萨斯城找到了一份满意的工作。

后来，我在浴室的镜子上贴了一张字条，上面写着："别人骑马我骑驴，转身看看推车汉——比上不足，比下有余。"每天早上刮胡子时，我都能看到。

艾迪·雷根伯克曾在太平洋上和他的同伴们漂流了 21 天之久。当问他当时学到的最重要的经验是什么？他回答说："如果你的水足够喝，你的食物足够吃，那么就绝不要再去抱怨任何事情了。"

《时代》杂志刊载过一篇报道，讲的是一个在关达坎诺受了伤的士兵，喉部不幸被弹片击中，为此医院给他输了 7 次血。在治疗期间他写了几张纸条问医生："我能活下去吗？"医生回答说："能的。"然后他的纸条上又写："我还能说话吗？"医生又回答他说："能。"在最后一张纸条上他说："那我还有什么可担心的？"

是的，不管境遇有多难，何不停下来问问自己："我还有什么可担心的？"然后你很可能会发现，之前所担心的那些事，与这个士兵的遭遇比起来实在是微不足道。

细数生活中的事情，大概有 90％ 都是对的，仅有 10％ 是错误的。想要快乐的话，正确的做法就是：把精力集中在那 90％ 对的事情上，而不要过多在意那 10％ 的错误。如果偏要去担忧，让自己难过，或是想要得胃溃疡，那么就倒过来好了，只要集中精神在那 10％ 的错事上就可以。

英国有很多新建教堂的墙面上都刻着"多想、多感激"这两句话，其实也应当时刻铭记在我们的心中。

我们每天、每个小时，都是可以得到快乐的！方法很简单：

只要把精力集中在我们所拥有的令人难以置信的财富上，比如用1亿美元也不愿意卖掉的双眼，比如即使把洛克菲勒、福特和摩根三个家族所有的黄金都加在一起也不会卖的家庭……把你所有的资产加在一起，你就会发现，你绝对应该快乐地生活。

既然方法如此简单，为什么我们还没有去做呢？正如叔本华所说的："我们很少会想我们已经拥有的，而总是想我们所没有的。"这个悲剧所带来的痛苦，可能比历史上所有的战争和疾病带来的更多、更大。

《格列佛游记》的作者斯威夫特，算是英国文学史上最悲观的一位作家，他会为自己的出生感到难过，于是在每年生日那天特意穿上黑色衣服，并绝食一天，以表哀悼。即使是这样一位有名的悲观主义者，也在赞颂快乐与开心带给人健康的力量。他说："世界上最好的三个医生是，节食、快乐和安静。"

因为集中精神去想那10%的不如意，几乎使约翰·派玛这个正常男人变成一个脾气暴躁的老家伙，也差点因此毁了他的幸福家庭。这是他亲口对我讲述的：

我刚开始做生意时，一切进行得还算顺利，可是不久后问题就来了，因为买不到原料和零件，我可能会被迫放弃刚刚起步的生意，于是我变得焦虑不安，甚至一度从一个普通人变成了脾气暴躁的家伙。我自己并没意识到，直到现在我才明白。那时，我对身边的人变得非常尖刻，差点因此失去了我快乐的家。还好有一天，为

　　我工作的一个年轻伤兵对我说："约翰，你实在应该感到羞愧。你现在这个样子，就好像世界上只有你一个人有麻烦似的，就算做最坏的打算，你把店关掉一段时间，那又能怎么样呢？等到事情有了转机，一切恢复正常之后，你又可以重新开始。想想吧，除了你的生意，你有太多值得感激的、幸福的事，可你却总是在抱怨，我的天啊，你知道我多么希望我是你。你再看看我，只有一只胳臂，半边脸都伤了，可我不去埋怨。说实话，你要是再这样继续埋怨下去，对什么都看不顺眼的话，你失去的就不仅是生意了，还会是健康、朋友甚至是家庭。"

　　这些话使我幡然醒悟，我发现的确如他所说，我走了很长的弯路，于是我当场就决定必须改变现状，重新成为原来的我，而我也真的做到了。

　　很多年前，我在哥伦比亚大学的新闻学院选修短篇小说写作，在那里我认识了露西莉。9年前，她住在亚利桑那州的杜森城，在那里她的生活发生了巨大的改变。下面就是她给我讲的故事：

　　我在亚利桑那州的生活一直都很忙碌。我在那里的大学学风琴演奏，在我所住的沙漠柳牧场上教音乐欣赏课，在城里开办了一所语言学校。我经常去各个地方参加舞会或宴会，也在星光下骑马。变故发生在一天早上，我的心脏病发作了，整个身体一下子都垮了。我的医生告诉我必须在床上安静地休息一年。然而他并没有鼓励我说很快就会康复，所以我害怕极了。担心会在床上做一年的废人，最后可能还会死掉。

为什么我会遇见这样的事？难道是我做错什么了吗？我哭着闹着，心里充满了不平和怨恨。可还是不得不按照医生嘱咐的那样躺在床上静养。邻居鲁道夫先生是个艺术家，他来探望我的时候对我说："现在，你可能觉得躺在床上一年是极其痛苦的事，可是换个角度想，就不一样了，因为你终于可以有安静思考的时间了，可以去真正地看清自己了。相信你在未来几个月里思想上的进步，或许会比这辈子学到的还要多。"听了他的话，我真的平静了下来，开始努力为自己树立新的价值观。我找来很多能发人深省的书，细细将它们阅读完。还记得有一天，我听到广播里一个新闻评论员说道："你只能谈你所了解的事情。"虽然以前也会经常听到类似的话，可是直到现在静下来，才深深感受到其中的意义。慢慢的，我只让自己去想那些美好而健康的事情。比如我有个十分可爱的女儿，我还能看得见，听得到，不愁吃喝，可以去欣赏优美的音乐，有空闲的时间用来读书，还有那么多好朋友，我很快乐。而且，来探望我的人真的是太多了，以至于医生要在门口挂个提醒只许在规定时间里、并限制人数探病的牌子。

现在，我的生活多姿多彩。这件事虽然已经过去了 9 年，但是在病床上度过的那一年，是我此生最难忘怀的，也是我在亚利桑那州所度过的最快乐、最有意义的一年，对此我充满了感激。现在，我依然习惯在早起时就统计一下身边美好的事情，因为那些是我最宝贵的财富。唯一让我自惭形秽的是，直到我为死亡而担心时，才真正懂得了该如何生活。

"能理智地看待每一件事，比每年赚 1000 英镑更有意义。"谁能想到说这句话的撒姆尔·约翰生博士并不是一个天生乐观的人，他在贫困和痛苦中挣扎了 20 年，直至最终成为了那个时代最著名的演说家和作家。

罗根·皮尔萨尔·史密斯说："人生应该有这两个目标：第一个是争取得到你想要的；第二个是在得到之后懂得如何享受它。这句话的重点在第二句，因为只有聪明人才能做到。"

波姬儿·戴尔是个在失明边缘生活了 50 年的女人，然而她不愿意被当成特殊的人对待，因此她拒绝接受别人的怜悯。这个女人非常要强，小时候因为看不见地上的线，所以不能和别的小朋友一起玩"跳房子"游戏，可是她并不灰心丧气，等那些孩子回家以后，她会趴在地上，把眼睛贴在线上努力观察，在心里记住每一条线的正确位置，这样没过多久，她竟然成为了"跳房子"游戏的高手。在看书时她必须将印有大字的书本贴在脸上，近得可以碰到睫毛才可以看得清楚。尽管是在这种状态下，她还是在明尼苏达州立大学获得了学士学位，接着又在哥伦比亚大学获得了硕士学位。

后来，她撰写了一本《我希望能看见》的自传。她在书中写道："我只有一只上面满是伤疤的眼睛能够看到……而且只能用眼睛左边的一个小孔去看东西。所以无论看什么，都需要离得很近才可以，而且要把另一只眼睛也尽量侧过去。"

后来她在明尼苏达州的一个小村庄里开始了教学生涯，因为不菲的成绩，她逐渐升任南达科他州奥格塔那学院的文学和新闻学教授，并在那里继续了13年的教学工作。她也在电台主持读书节目，在很多妇女俱乐部发表演讲。

她说："我的内心深处经常会因为害怕完全失明而恐惧，为了克服这种恐惧，我对待生活的态度是快活且近乎戏谑的。"

终于在1943年时，52岁的波姬儿·戴尔迎来了生命中的一个奇迹。著名的梅育诊所为她进行了一次眼睛复明手术，术后她的视力比以前清楚了40倍。一个崭新的、美丽的世界重新出现在她的眼前。就算是在厨房里的水池洗刷碗碟，都让她觉得是如此的开心。"我在水池里玩着肥皂泡沫，将大把的泡泡对着阳光捧起来，我能够在每个泡泡里看到明亮丰富的色彩。"

读到这里，我想我们都应该感到惭愧，即使我们每天都生活在这么美丽的世界里，却对此一无所知、无所作为。

保持内心平静和快乐的第四个原则是：细数你从生活中所得到的恩惠，而不要回头去清算生活带给你的烦恼。

第五章

回到本色中去

一个人想要拥有别人的全部优点，那应该是世界上最愚蠢、最荒谬的想法。这里，为大家讲一讲北卡罗来纳州艾尔山的伊笛丝·阿雷德太太的经历，她曾经给我写来这样一封信：

从小，我就性格敏感，很害羞。我很胖，而脸部更是让我看上去比实际要胖很多，所以我更加没有自信，别的孩子在室外做游戏时，我从来都不参与，甚至不愿意去上体育课。我的妈妈是一个相当刻板守旧的人，她觉得女孩子打扮漂亮是很傻的事情。她经常对我说"宽衣好穿，窄衣易破"，所以在帮我挑选衣服时，她也遵守着这个原则。因此，我觉得自己没有什么形象，觉得我不同于他人，是个让人讨厌的人，我太害羞了。

长大后，我嫁给一个年纪比我大很多的男人，我丈夫的家人都很好，他们很自信，就是那种我想成为的人。虽然他们都在帮助我变得开朗些，我也尽了很大的努力，可是并没有什么实质性的改变，我办不到，并且他们为让我改变所做的每一件事，都只会提高我退缩到自己壳子里去的速度。我变得更加紧张不安，开始避开所有的朋友，甚至害怕门铃响。我告诉自己，我是一个彻底失败的人！为了不让丈夫发现这些。每次我们一起去公共场合时，我都表现出很开心的样子，结果却常常适得其反。我为此还会伤心上好几天。最终我难过得没有了活下去的勇气，灰心极了，开始出现自杀的念头。

信读到这里，是不是特别想知道是什么能让这个不快乐的女人改变了呢？答案只不过是脱口而出的一句话。

一天，我的婆婆和我闲谈起了她教育孩子的方法，她说："没有谁是完美无缺的，无论发生什么事，我都会要求他们保留自己的本色。"正是这句"保留本色"让我瞬间发现了自己烦恼的根源，是的，原来我一直都在试图改变自己，变成一个并不适合我的模式！

　　就这样，一夜之间我彻底地改变了。我开始研究自己的个性，试着保持自己的本色。我挖掘自己的优点，尽可能地用适合我的方式去穿衣服。除了在形象上的改变外，我还开始主动去结交朋友，并参加社团组织的活动，开始时只是一个很小的社团，但是他们热情地邀请我参加活动，这把我吓坏了。可我还是为自己鼓劲，在活动中的每发一次言，都为我增加了一分勇气。在开始寻找自己的这段时间，虽然很漫长，可带给我从没想到过的快乐。当我有了自己的孩子时，也总会把这些从痛苦经验中学到的东西教给他们："不管事情怎么样，都要尽量保持自己的本色。"

　　有的人不愿意保持自己的本色，是很多心理和精神问题的潜在原因造成的。詹姆斯·高登·季尔基博士说："保持个人本色的问题就如历史一样古老，也如人生一样简单。"作家安吉罗·帕屈曾写过13本书和数以千计的文章，来讲解怎么教育幼儿，他说："在人的一生中，没有什么比想成为他人更痛苦的事了。"

　　在好莱坞，这种想变成跟自己不一样人的想法，尤为流行。知名导演山姆·伍德说，在面对一些年轻演员时，最让他头痛的问题是怎样让他们能保持本色。因为他们中的大多数都想做二流的拉娜·特纳，或是三流的克拉克·盖博。"可是这一套表演方式，观众早已经受够了，"山姆·伍德说，"他们不知道现在最需要的表演方法是，尽量丢开那些装腔作势的技法，回到本色中去。"

索凡石油公司人力资源部主任保罗·包延登，有着资深的人力资源部工作经验，曾和6万多个应聘者面谈过，还写过一本《求职的六种方法》的书。于是我专门访问了他，向他请教应聘者常犯的最大错误是什么？他的回答是："来应聘的人所犯的最大错误就是不去保持和展现本色，他们不敢以真面目示人，给你一些他认为你想要的回答。不能完全坦诚。"可这种自认为聪明的做法一点儿用都没有，因为没有哪家公司会需要伪君子，这个道理就像没有人愿意收假钞票一样。

我认识一个电车司机的女儿，历经挫折后终于知道了保持本色的重要性：她想成为一个歌唱演员，可是长得并不好看，她的嘴很大，牙齿有点龅。所以她对自己的外表很不自信，每次在新泽西州的一家夜总会唱歌时，她总会努力把上嘴唇拉下来盖住她的牙。结果可想而知，这反而让她经常洋相大出。

正在她痛苦迷茫时，在那家夜总会里听她唱歌的一个人给了她鼓励，认为她很有演唱的天分，并很直率地告诉她："我一直在看你的演出，我跟你说，我知道你想隐藏的是什么，你是不是觉得你的牙不好看？"这个女孩子听了既惊讶又难堪，那个男人继续说道："难道说长龅牙就是罪大恶极吗？与其去遮掩，不如张开你的嘴，如果观众感觉到你不在乎的话，他们没准会喜欢这个真实的你。"

凯丝·达莉接受了他的忠告，从此在演出中不再去故意遮掩牙齿，而是一心只想到她的观众。她张大嘴巴，热情而欢快地尽情演唱，最后她成为广播界和电影界的一流明星，以至于现在很多喜剧演员还希望能学她的样子呢。

著名的威廉·詹姆斯曾谈到过那些从来没有正确认识到自己的人，"大部分人只发掘了自己10%的潜能"，他说，"对我们身心两个方面的能力，和我们能做到的相比，其实等于只用了一半；虽然我们具备各种各样的潜能，可却被习惯性地忽视了，我们大多数人不懂得该如何去利用这些潜力。"

我们都有让人惊叹的能力，完全可以成为更好的自己，所以不该再浪费时间，因为没能拥有别人的优点而苦恼了。记住，在这个世界上你是唯一的存在！从开天辟地直到当下，没有谁跟你是完全一样的，而将来直至永远，也不可能再有一个和你一模一样的人了。如果你还不相信的话，那我们就从科学的角度来考量一下：新的遗传学告诉我们，你之所以成为现在的你，是因为你母亲的23对染色体和你父亲的23对染色体所共同遗传的。在某些情况下，每个遗传因子都能够对一个人的一生产生影响。

对这一点如果你想了解得更详细的话，不妨看一本《遗传与你》的书，这本书的作者是阿伦·舒因费。科学事实告诉我们，即使是父母生下的这个孩子正好是你的机会也只有二十亿万分之一。假如你有二十亿万个兄弟姐妹，也不可能和你完全一样的。我对保持本色这个问题感触颇深，下面我们将继续深谈，为大家讲述两个我曾有过的可笑经验。

我从密苏里州的乡下来到纽约的美国戏剧学院学习，希望能在将来当个演员。在学习表演的过程中，我萌发了一个自以为非常聪明的想法，以为找到了通往成功的捷径，这个想法就是：我要去学所有名演员的演戏方法，学习他们的长处，把他们每个人的优点和长处集于一身。我认为这个办法非常完美，做起来也很简单，不明白为什么大家竟没有发现这一点。可是现在看来，这个想法是多么愚蠢和荒唐！我却浪费了那么多时间和精力去模仿别人！最后我也终于明白，我不可能变成他们其中的任何一个人。

经历了这次痛苦的经历，我并没有让它成为难忘的教训。后来，我计划写一本关于演说的书，希望它成为此类书中最出色的一本。在写作过程中我竟然打算把同类书中，其他优秀作者的观点全部"借"用来，放进我自己的书里，使这本书可以包罗万象，一举成名。于是我买回十几本有关公开演讲的书，并用了一年的时间把这些作者的观点搬进我的书里，到最后我无奈地发现，这种把别人观念拼凑在一起的东西，非常的做作和沉闷，不会有人能看得下去。我发现自己又办了一件傻事！只好将一年来所有的辛苦都丢进纸篓里，重新开始。我告诉自己："不管你有多少错，能力多么有限，你必须保持自己的本色，因为你总不能变成别人。"从这以后，我撸起袖子，认真做我从一开始就该做的事：完全运用自己的观察和经验，以演说教师和演说家的身份写了一本关于公开演讲的教科书。这段经历，让我更加体会到了在华特·罗里爵士那里所学到的，他曾于1904年在牛津大学任英国文学教授，他说过："我没有能力去写一本能和莎士比亚媲美的书，但我可以写一本由我写成的书。"

欧文·柏林曾给已故的乔治·盖许文同样的忠告。他们俩刚刚认识时，柏林已经名声在外了，而年轻的盖许文还只是刚刚出道的作曲家，一星期只赚 35 美元。出于对盖许文能力的欣赏，柏林问他是否愿意来做自己的秘书，并可以付给他 3 倍的薪水。可是柏林同时又忠告盖许文说："但你最好不要接受这个工作，因为你接受的话，很可能就会变成一个二流的柏林。我相信，如果你能继续保持自己的本色，坚持下去的话，总有一天会成为一个一流的盖许文。"

盖许文接受了柏林的忠告，也真的在后来成为那一代人中美国最重要的作曲家之一。

玛丽·玛格丽特·麦克布蕾曾想做一个爱尔兰喜剧演员，无奈没能成功。后来她发挥了自身的长处，终于从一个由密苏里州来的平凡乡下女孩，摇身变为纽约最受欢迎的广播明星。

刚出道时的金·奥特雷有着一口得州口音，可是他希望能像城里的绅士一样说话，所以他自称是纽约人并努力改掉口音，这让他成了大家的笑柄。后来他忘掉这一切，开始弹奏吉他，唱自己的西部歌曲，最终成为在电影界和广播界里最受欢迎的西部歌星，同时也为他那了不起的演艺生涯拉开了序幕。

我们真应该庆幸自己是这世上的唯一，大自然赋予我们的一切都应物尽其用。不管好坏，你都要独自创造一个小环境；不管好坏，你都要把自己的乐章，融入生命的交响曲。你唱自己的歌，画自己的画，做一个由你所处的环境、所经历的经验和家庭所造就的那个自己。

诗人道格拉斯·马洛奇曾写过这样的诗：

如果你无法成为山巅上的一棵劲松，

那就安心做一株山谷中的灌木吧！

但一定要做那溪边最好的灌木；

如果你无法成为一棵参天大树，

那就安心做一片灌木丛林吧！

如果你无法成为一株灌木，

那就不妨做一棵小草，给道路带来生机；

如果你做不了麋鹿，

做一条小鱼也不错！

但一定要是湖中最活泼的那条！

我们无法都做船长，总要有人去当船员，

每人都要各司其职；

不管事情大小，

我们一定要做好分内的工作。

走不了大路，那就走羊肠小道，

不能成为太阳，当星星又有什么不好；

无论成败如何，

只在于你是否已经尽力而为。

就像爱默生在他那篇《论自信》的散文里所写的："在我们接

受教育的过程中，一定会在某个阶段里突然发现，羡慕其实意味着无知，模仿则意味着自杀。无论怎样，我们都必须保持自己的本色。不可否认，在这广阔的宇宙间充满了数不清的好东西，然而除非他心甘情愿地在属于自己的那片领地上耕种，否则绝对不会有好的收获。因为他所拥有的全部能力，是自然界的独一的能力，除了他自己，任何人都不清楚他到底能做些什么，而对他本身而言，所有这些，也只有亲自尝试后才能获知。"

　　所以，获得平静和快乐的第五个原则是：保持本色，发现自我，不去模仿变为他人。

第六章

把酸柠檬做成甜柠檬汁

在写这本书期间，关于如何才能摆脱焦虑的问题，我曾专门去芝加哥大学向罗勃·梅南·罗吉斯校长进行请教。他告诉我说："我一直都在尝试着遵循西尔斯公司已故董事长屈利亚斯·罗森沃给我的一个忠告。他说：'如果手里仅存柠檬，就做杯柠檬汁。'"

这是一个伟大的明智者的所为，而一个傻瓜就绝不会这样做。当他发现命运只给他一个柠檬时，他就会抱怨说："完了，这就是命。我没有任何机会去做一件什么别的事情了。"然后他就开始诅咒这个世界，使自己完全沉溺在自怨自艾之中。相反，聪明人看到自己手里柠檬的时候，他会说："上帝没有忘记眷顾我，我要把这个柠檬做成一杯柠檬汁。"

一生都在潜心研究人类行为和潜能的伟大心理学家阿尔弗雷德·阿德勒认为：人类最令人赞美的优点之一，就是"把负面影响转变为正面促进的力量。"

下面的故事既有趣又富有教育意义。故事的女主角正是按着阿德勒所赞美的优点去做的。她的名字叫瑟玛·汤普森。"在战争期间，"她告诉我："我先生在加州莫嘉佛沙漠附近的陆军训练营驻防。我为了离他近一点，也搬到那里去居住。其实我非常讨厌那个地方，几乎厌恶到了极点，从未那么沮丧烦恼过，我先生被派往莫嘉佛沙漠出差，把我一个人留在那间小破屋里。那个地方热得难以忍受——即使有大仙人掌的阴影遮挡，温度也高达华氏 125 度。最可恶的是，那里经常刮风，而且持续不断，甚至我们吃的所有食物和吸进的空气中也都混进了沙子！

"当时的处境中我已经无法忍受，我不得不给我父母写了封信，告诉他们这里我住不了了，准备回家，我说我一分钟也住不下去了，这样的生活还不如住在监狱里。接到我的信后，父亲回信了，信中只有两行字，这两行字却一直留在我的记忆当中，因为正是它改变了我的生活。

"两行字是这样写的：'两个人从监狱的铁栅栏向外看，一个看到烂泥，另一个看到星星。'

"我把父亲的信念了一遍又一遍，觉得非常惭愧。于是下定决心，我要做那个每天都看到星星的人。

"之后，我尝试着和当地人交朋友，而他们的反应更让我出乎意料。当我对他们织的布和做的陶器表示出极大的兴趣时，他们居然把那些他们最喜欢的、甚至不肯卖给游客的东西送给我当礼物。当我还像往常一样漫步在沙漠中，看着仙人掌、丝兰以及约书亚树的时候，觉得它们都平添了迷人姿态，我还了解了有关土拨鼠的奇闻轶事。我甚至开始迷恋上沙漠的日落和寻找几百万年前的贝壳。

"仔细想来究竟是什么使我看待周围环境的感觉发生了骤变呢？莫嘉佛沙漠没有丝毫变化，改变的是我的心态，在这一变化中，我把那些让人厌烦的境遇变成了我生命中最刺激的冒险经历。在我所发现的这个崭新世界中，我异常感动兴奋，为了纪念，我还写了一本小说《光明之辕》，这让我把监狱变成了乐园。"

瑟玛·汤普森所体会到的正是古希腊人在耶稣诞生 500 年前就发现了的一条真理："最好的往往最难得到。"

在 20 世纪，哈默·艾默生·福斯狄克又践行了这样一个真理："快乐体现更多的并不是一种满足，而是胜利。"不错，这种胜利来自于一种成就感，来自于一种成功，将柠檬转变成柠檬汁的成功。

我曾拜访过一位住在佛罗里达州的农夫，他甚至把一个有毒的柠檬做成了柠檬汁。事情是这样的：当初买下那片农场使他十分颓丧。这个农场之所以让他十分懊丧，是因为那块地非常贫乏，既不能种水果，也不能养牲畜，只能生长白杨树和响尾蛇。

没料到他居然想出了这样一个因地制宜的好主意，把劣势转变成一种资产——他打算好好利用那些响尾蛇。他随后的做法让大家都很吃惊，他开始做起了响尾蛇肉罐头。当我几年前去看他的时候，发现仅每年来这个农场参观响尾蛇的游客就将近两万人，他的生意发展得非常顺利。从他饲养的响尾蛇口里取出来的毒液被卖到各大药厂制造蛇毒血清，蛇皮也以很高的价钱出售，用来做女人的皮鞋和皮包。他还特意制作了明信片，那上面有这个村子和农场的风景照，通过当地邮局把它们寄出去，现在这个村子已经改名为佛罗里达响尾蛇村，以纪念这位把负能量改为正能量的先生。

我不止一次地从南到北、自东向西走访全国许多地方，这使我有幸听说和目睹许多优秀的人士把负面影响变成正面促进力量的传奇。

《12个以人力胜天的人》一书的作者威廉·波里索曾经说过："生命中最重要的并不是将你的收入资本化。这种事情任何一个人都会做，而一个真正的出类拔萃的人，是从他的损失里去获得更多的利润。这也正是聪明人和愚笨人的区别。"

他在做这些表述之前在一次车祸中失去了一条腿。我还知道有一个失去了两条腿的人也是这么做的，他的名字叫本·福特生。我在佐治亚州大西洋城一家旅馆坐电梯时偶然遇见他。他当时坐在电梯角落的一张轮椅上。我很清楚地看到他没有腿。当电梯正好停在他要去的那一层楼时，他愉快地问我是否可以给他让道，让他出去。"真对不起，"他说，"麻烦您让一下好吧。"——

他说这话的时候，脸上一直带着快乐和微笑。

当我出了电梯回到房间时，可心里一直在惦记着这个残疾人。于是我决定去找他，请他把他的故事告诉我。

当我再次见到他，并表达了我的愿望时，他爽快地答应了。他告诉我："事情发生在 1929 年，我当时在外面砍了许多胡桃木树枝，准备给我菜园里的豆子搭支架。我把那些胡桃木枝条装在我的福特车上，然后开车回家。行车途中后面一根树枝由于颠簸掉了下来，卡住了汽车的转向装置。由于当时汽车正在急转弯，因此汽车冲出路外，撞在了一棵树上。我的脊椎受了伤，影响到我的两条腿，最后不得不截肢了。出事那年我才 24 岁，从那以后我再也没有走过一步路。"

年仅 24 岁就得终身坐在轮椅上！我问他这是个残酷的事实，可我看到你仍然很快乐，你是怎样做到的？他说："我以前并不是这样的，事情发生以后心中也是充满了痛苦和伤心，抱怨命运的不公。但随着时间的流逝，我发现抱怨不能解决任何问题，只能让事情变得更糟糕。我猛然间醒悟了，"他说，"周围的人并没有因为我是残疾人只能给别人添麻烦而嫌弃我，相反，他们都对我很好，总是充满热情和关爱，所以我也应该做到那样，对别人也要有礼貌。"

我问他经过这么多年，这次意外事件对他来说是否仍是一个巨大的伤痛。他不假思索地说："不，我现在甚至很高兴有这样的机会。"他告诉我，在他克服了当时的懊丧悔恨之后，就开始了一种新的生活，那是一种全新的生活。他开始爱上了读书，特别是喜欢读优秀文学作品。他说他在 14 年时间里，至少看了 1400 多本书，这些书为他开拓了全新的视野，丰富了他的生活。他也学着开始欣赏那些美妙的音乐，以前让他觉得烦闷的交响乐，现在成了每天都分不开的朋友。但最大的变化在于他有了充足的时间去思考。"有生以来第一次，"他说，"我能仔细地观察这个世界并树立了真正的价值观。我开始明白，我以往所追求的那些事情，大部分都是毫无意义的。"

阅读了大量的书籍后，他对政治产生了浓厚的兴趣。并且开始关注并研究公共问题，他坐在轮椅上到处演说，并因此结识了很多人，而且也有更多的人也由此认识了他。今天，本·福特生虽然还像以往那样坐在轮椅上，但现在的他已经成为佐治亚州政府的秘书长了！

我在纽约市开设成人教育辅导班的时候发现，许多成年人都将没有上过大学视为他们一生的遗憾，他们似乎认为没有接受大学教育是他们没有做出杰出成绩的一个主要原因。但是在认识和了解一些人和事以后，我知道这种想法不完全正确，因为我认识的许多成功人士甚至连中学都没有毕业。为了说明这一问题，我经常将下面的故事讲给学员们听——故事的主人公甚至连小学都没能读完，因为当时他家里太穷了，甚至在他父亲去世的时候，还是由他父亲的朋友募捐，才得以安葬的。之后家里的生活主要靠母亲来维持，因此，他母亲不得不在一天工作 10 小时之后还要带一些零活回家，一直工作到半夜。

就是生活在如此艰苦环境中的一位男孩，在参加过由当地教堂举办的一次业余戏剧表演获得成功后，决定去学习公共演讲，而这种能力又最终引导他步入政坛。30 岁时，他成功当选为纽约州议员。当时他对这项职务一点准备也没有。事实上他甚至不知道议员是一种什么身份，他的职责是什么，于是他开始潜心研究那些必须靠投票表决的冗长而复杂的法案。

可是这些法案对他来说，简直就像是天书。在他当选为森林问题委员会委员时，他的感觉和以前是一样的，因为他从来没有走进过森林，因此，他对自己能否胜任这一角色，履行好这一职责非常担心。当他又当选为州议会金融委员会委员时，这样的担忧再次随之而来，因为他甚至不曾在银行开过账户。他告诉我，他当时紧张得差点儿决定从议会辞职，但他却始终不肯向他的母亲承认自己的担心。在担心之余，他决心奋发图强，他开始每天用超出 15 个小时的时间来进行职业培养，最后，竟然把那种让他头疼的柠檬变成一杯饱含知识的柠檬汁。结果，他从一个当地的政治家变成了一个全国知名的人物，而且使他自己变得更加优秀，以至于《纽约时报》称他为"纽约最受欢迎的市民"。

我上面说的人可谓是家喻户晓，他就是艾尔·史密斯。

艾尔·史密斯正是通过这种自我教育，成为了对纽约州政府一切事物最有发言权的人。他曾 4 次当选为纽约州州长，目前来说这个记录无人能及。1928 年，他成为民主党总统候选人，还有 6 所大学——其中包括哥伦比亚大学和哈佛大学——赠给这个甚至连小学文凭都没有的人名誉学位。

艾尔·史密斯曾经亲口告诉我，如果他当年没有一天抓紧 15

个小时地提升自己，积极地把负面影响转化为正面促进力量的话，所有这一切都不可想象。

尼采曾对伟大的人所具有的特质做出总结："不仅能够在必要的情况下忍受一切，而且还要喜欢这一切。"

随着我对那些成功人士研究地深入，我越来越感觉到他们之中大多数人之所以成功，正是得益于他们对自己固有的一些缺陷进行征服的过程，这个过程促使他们加倍努力，因此得到了更多的报偿。这正如威廉·詹姆斯所说的，"我们的弱点对我们会有意外的帮助。"

不错，这样的例子太多了。弥尔顿之所以写出了优美的诗篇很可能是因为他的失明所造成的：而贝多芬也可能是因为聋了，才能从内心迸发出创作的激情，谱写出更好的曲子。

海伦·凯勒的成就让不少人为之感动，也许是因为她的失明和耳聋。

同样，也许柴可夫斯基不是经历过痛苦和悲惨得几乎自杀的感受，也许他永远也创作不出那首不朽的《悲怆交响曲》。

假如陀思妥耶夫斯基和托尔斯泰的生活不是那样充满了折磨与痛苦，他们同样也不会有伟大的不朽的著作问世。

"如果我不是残疾人，"达尔文——这个曾经改变人类科学史的科学家说，"也许我完成不了这么多的工作。"达尔文也承认，他的残疾对他的成就有意想不到的帮助。

与达尔文同一天出生的美国第17任总统亚伯拉罕·林肯，也受益于他自身的缺陷。如果他当时出生在一个贵族家庭，从哈佛大学法学院获得学位，并且有着幸福美满的婚姻生活，那么也许他永远都不可能在盖茨堡发表那篇不朽的演说，当然也不会有他第二次施政演说时所说的如诗一般的名言——"不要对任何人心存嫉恨，而应去爱每一个人……"

假设我们实在是缺少主动和自觉的意识去把手里的柠檬做成柠檬汁的话，那么，下面则是我们有必要去试一试的两条理由。

理由1，我们这样做可能会成功。

理由2，即使我们没有成功，但只要我们试着将负面影响转化为正面促进的作用，就会使我们继续朝前看，而不会向后看。所以，只要我们继续用积极、肯定的思想来取代消极、否定的思想，就一定能展现你的创造力。在为未来努力的过程中，我们就会无暇为了已经过去的那些事情而忧虑。

有一次，世界最著名小提琴家欧利·布尔在巴黎举办一场音乐会，演奏过程中他小提琴上的 A 弦突然断了，但他仍然用另外 3 根弦演奏完了那支曲子。"这就是生活，"哈瑞·艾默生·福斯狄克说，"如果你自己的 A 弦断了，就用其他 3 根弦继续演奏完自己的生命之歌。"

这不仅是生活，它完全高于生活的价值——它体现着生命的力量。所以，如果我们想培养快乐平和的心情，就要记住：假如命运只给了我们一个酸柠檬，但也可以用它来做成甜柠檬汁。这也是让自己获得快乐平和的第六大原则。

第七章

少考虑自己，多关心他人

在准备写这本书时，我曾组织过一次征文比赛，以高达 200 美元的奖金，向社会广泛征集关于"我是如何克服忧虑"的真实感人故事。

为此我特意为比赛聘请了三位评委：东方航空公司董事长艾迪·雷特贝克，林肯大学校长斯图伦特·麦克兰德，以及广播新闻评论家卡博恩。参加比赛的人很多，我们收集到了很多故事，其中有两篇作品十分出彩，难分轩轾。最后我们决定，让这笔奖金由两个作者来共同分享。

下面是其中一个叫波顿的作者描述的故事：

　　9 岁以后，我就再也没有见到过母亲。母亲带着我的两个妹妹，在一次出门后，再也没回过家。而父亲也在我 12 岁那年因为一次意外事故去世了。我收到母亲寄来的第一封信，那是在她离开家的 7 年以后。虽然我们还有两位姑妈，可她们都已年高体弱，而且家境也很贫穷，最多只能收留我们家的 3 个孩子。剩下我和我的小弟没人照料，好在有位好心人，收留了我们。那时我们最害怕别人会把我们像孤儿一样对待。一段时间后，收留我们的那家主人失业了，这令他们家贫穷得不能再多养活一个人。幸好在这时，好心的洛夫廷夫妇收留了我，他们所在的农场距离镇子有 11 英里。洛夫廷先生已经 70 岁高龄了，长年卧病在床，他对我说，如果想和他们一直生活在一起，就一定要做到三点：一是不能说谎；二是不能偷窃；三是必须听话。于是这三项纪律就成了我日常的行为准则，我不但将它们牢记在心中，还坚持很好地照做。

　　一次，我很喜爱的洛夫廷夫人给我买的新帽子，被一个高年级女生从我头上抢走了，并在帽子里灌上水，帽子被弄坏了。她还用满不在乎的口气对我说，要用帽子装满水，浇到我的木头脑袋上来令我开窍。

　　事情发生在学校，当时我忍住没有哭，但回家后，忍不住委屈地哭了起来。洛夫廷夫人叫我过去，问清楚事情的经过，然后教给我一个好办法，那就是可以与人化敌为友。她告诉我说："波顿，如果你尝试去多帮助他们，当他们对你有好感时，就不会再欺负你了。"我牢记着她的建议，总是助人为乐，并开始努力学习，我帮一名同学写读后感，还用去几个晚上的时间帮一名女同学补习数学。我帮几个男同学写作文，其中有一个同学害怕他妈妈知道我在帮他，就用遛狗作借口，悄悄过来把狗拴在洛夫廷夫人家的仓库里，并让我帮他补习。所以当我成为全班成绩最好的学生时，也并没有招来同学们的妒忌。

在那段日子里，村里发生了几件不幸的事，有两位老人去世，另外有一位中年妇女被她的丈夫抛弃，而我竟成了这几个家庭的支柱，并在两年里尽我所能去帮助这几位可怜人。

在我放学后，会去她们家帮忙挤牛奶、劈柴、喂牲口，于是我和很多人成为了好朋友，自我的改变也迎来了大家对我态度上的转变，人们都用赞扬代替了嘲笑。后来，当我从海军退伍归来时，家乡的人们用真正的热情来欢迎我。以至于刚到家的那天，有200多位邻居前来探望，甚至还有驱车80英里，特意远道赶来的人，我能感受到他们流露出的真切关心。从我决心改变自己帮助别人的13年来，再也没听到过谁取笑我是笨蛋或孤儿了。现在，我的生活也鲜有烦恼，因为我一直在帮助他人。

读到这里，让我们先为波顿先生喝彩！因为他懂得了排解忧虑、与人交往和享受生活的真正诀窍。

拥有同样经历的弗兰克·卢普博士已瘫痪在床长达 23 年。曾多次去采访他的斯图尔特·怀特斯先生对我说，卢普博士是他在所知道的人中，最会享受生活也是最无私的。

怀特斯先生为何会给出如此高的评价呢？我想绝对不是一味自怜、自我中心。那么一位瘫痪在床的人能做什么呢？他将许多瘫痪卧床病人的姓名和地址都收集起来，以病友的身份给他们每人写了慰问信，去鼓励他们。后来他还为病友组织了一个俱乐部，方便他们互相写信，相互鼓励，最后这个俱乐部逐渐发展成为一个全国性的组织。

每年，躺在病床上的卢普博士平均要写 1400 多封信，为病友送去快乐和温暖。他是按照威尔斯王子的誓词去做的，誓词是："我为大家服务。"

卢普之所以能在病床上成就辉煌，变得与众不同，离不开他崇高的信念和神圣的使命感。他肯定深切地体会到了奉献所带给人的那种真正快乐。正如萧伯纳所说："一个自私自利的人一定会陷入对生活的无尽抱怨中，因为这个世界已经不能令他感到满足和快乐。"

著名的心理学家阿德勒常对他的忧郁症患者说："如果你每

天想着，并用尽所有办法使一个人开心，保证你的忧郁症能在两个星期内痊愈。"这句话给我带来了深刻的震撼，如果你还不了解忧郁症，那对这句话或许多少会感到有些离奇，所以，我从阿德勒博士所著的《生活的意义》一书中摘录了以下几个段落，以方便大家更好的理解：

忧郁症是一种长期对他人怀有怨恨，而病人也总是会感到沮丧的情绪，患忧郁症的原因是想博取他人的认同、同情与关爱。有一件事是忧郁症孩子常会做的：我很想睡在沙发上，可是哥哥却偏偏坐在那里不肯让给我，于是我就一直哭闹，直到他能站起来让给我。

作为心理医生，首先是要缓和所有会带来紧张的气氛，让他们放松，不给忧郁症病人任何去自杀的理由，因为自杀是他们经常选择的结束方式，通常我会告诉我的病人："如果你不愿意去做一件事，那就千万别去做。"这话虽然听起来像是废话，但我确信所有问题的根源都由此而来。想想看，如果病人诸事遂心的话，他还有什么好埋怨的呢？又有什么去自残的理由呢？于是我总是反复提醒他们："如果你想去看电影、想去度假，只管去就好。即使半路改变了主意，突然不想去了，那就尽管随着自己的心意去做。这没什么大不了。"

大多数情况下，他们可以像上帝一般来去自由，从而优越感就会被满足。我听过不下一千次病人这样说：

"任何事情我都提不起兴趣！"并且早就知道该怎样回答，我会告诉他们："所有你不喜欢的事，都不必去做。"有时有人会回答："我一整天都只想躺在床上。"我会毫不犹豫地表示赞同。因为我清楚，如果我答应他，他也许就不会那样做，若我不答应，反而会使他的情绪爆发。

另一种更直接可帮助他们的方法是，我会告诉他们："请每天想方设法去让别人快乐，看看他们会有什么反应。如果你能够坚持遵守这个建议，相信两星期内就会痊愈。"我知道，大脑早已被自己占满的他们通常会想：让我还去管别人，我都自顾不暇，有这个必要吗？还有人会这样说："我总在想办法让别人高兴，这就是我经常做的。"

可实际上，那只是他们认为的，他们从来没有真正那样做过。我回答他们："在你愿意的时候，不妨去认真想一个你特别愿让他高兴的人，这会对你的健康有很大的好处。"

有的病人对我的建议会不耐烦地说："我做不到，我烦透了！"我也不去强迫他们，只是说："可以继续你的烦恼，只要抽空想一想别人就行。"还有很多人会问我："为什么要我使别人快乐？难道不应该是他们来使我快乐吗？"我回答他："这样你会健康起来，将来你也许会比其他人快乐。"我的最终目的就是让他们能把自己的视线暂时转移到其他人身上。我知道他们与别人的交流很少，这点要让他们慢慢意识到，如果有一天他们能把别人和自己放在同等的位置看待，那么病就好了。自私自利的人不但会困扰自身，而且还会伤害到周围的人，这几乎导致了人类所有的失败。"爱你的邻人"是十诫中最难做到的一条，除非我们对他人的要求给予的最高赞美是：他是个好邻居、好同事、好朋友、好恋人和好伴侣。

阿德勒博士提醒我们：每天做一件善事。日行一善，这会对我们有很大帮助！那么怎样的行为可以算是善事呢？先人告诉我们："善事是能给别人带来快乐的举动。"当我们努力使他人快乐的同时，自身也会感觉到快乐和存在的价值。而就没有时间去自怜自艾，也没有苦闷、忧虑和恐惧的理由了。

威廉·蒙恩夫人也是曾被忧郁症困扰的人，后来她在纽约开办了一所慈善秘书学校，于是不到两周的时间，她的忧郁症竟然痊愈了。这主要是因为一对孤儿的出现，下面是蒙恩夫人向我讲述的这段故事：

　　我的忧郁症来自5年前的12月，那时，与我相爱、共度多年美满时光的丈夫永远地离开了我，这使我难以接受，情绪十分低落。以后只要是临近圣诞节，我就越来越惧怕，哀伤也逐渐加深，因为此前我都是和丈夫一起度过这个节日。好心的朋友们邀请我去他们家里一起过圣诞节，可我不敢去，他们的好意被我一一谢绝。因为我明白，其他人幸福家庭的景象，会使我更加怀念往昔。后来回想起来，当时虽然有不少本应庆幸的事发生，但伤心还是淹没了所有。

又是一个平安夜，为了忘掉心中的孤单感和忧虑，下午3点，我离开了办公室，漫不经心地独自在街上闲逛。在街道上到处都是欢乐的人群，这又让我触景伤情，可想到空荡荡的公寓，我更是不敢回去。我不禁泪流满面，不知道该做什么，也不知道目的何在，就这样过了一个多小时，我发现自己站在公交车站前，于是当一辆公交车开来停下时，我不由自主地走了上去，这也使我想起和丈夫曾一起坐公交车去旅行探险的快乐情景。我不知道自己是在哪里下车的，只记得在车经过哈德逊河后不久，乘务员说：“夫人，终点站已经到了。”下车后发现那是个非常静谧的地方。我开始去附近的住宅区闲逛。那里有一座教堂，里面传出优美的《平安夜》乐曲，我听到后便不由自主地走了进去。教堂里除了一位尽情演奏的风琴手之外，并没有其他人。我静静地坐着，听着优美的音乐，看着装扮得五彩缤纷的圣诞树，渐渐地，一天没有吃东西的我疲倦地睡着了。

清醒时，我听见一个小女孩问：“她是和圣诞老人一起来的吗？”我睁开眼睛，发现面前站着两个来看圣诞树的小孩。我的醒来，显然让他们吓了一跳。我马上对他们说：“孩子，我是好人，请不要担心。”

　　再仔细观察，发现他们的衣着很破旧，于是我问："你们的父母呢？"他们回答说："我们是孤儿。"这两个孩子显然比我有更多的不幸。这让一度感觉自己是人群中最不幸的我很是惭愧。我开始和他们一起欣赏圣诞树，在与他们的交谈中，我发现自己原来是那么幸运。我由衷地感谢上帝，让儿时的我能一直在双亲的疼爱与呵护下，快乐地度过每一个圣诞节。后来我带他们俩去商店买了些糖果和小礼物。在回家的路上，我感到真正的快乐和开心，这是数个月以来第一次有这样好的感觉，拜两个小孤儿所赐，我的悲伤和孤独感马上消失得无影无踪了。这两个小孤儿可能不知道，他们所带给我的，远胜于我给他们的。从这次经历中我学到了，只有首先让别人快乐，自己才会快乐起来。去帮助、关心别人，会帮助你消除自怜、悲伤与忧郁情绪，甚至会有重获新生的喜悦。我发觉快乐具有感染力，那次以后我的确有了很多改变，并把这种改变持续至今。

　　像这样因无私帮助他人而重获快乐健康的故事不胜枚举，多到足以让我写出一本书。现在不妨再去看一个关于最受美国海军欢迎的女作家——玛格丽特·泰勒·叶芝的故事吧。

　　我认为叶芝夫人身上发生的真实故事比她写的小说还要精彩。因心脏病而在家休养的叶芝夫人，有一年多的时间，几乎每天有22个小时是在床上度过的。那时，从房间走到可以晒太阳的花园，是她身体最大的极限。而且，还需要女佣的帮助。"如果没有日军偷袭珍珠港，也许我会在床上虚度自己的后半生了。"她回忆说：

二战时，日军偷袭珍珠港的当天早晨，有一枚炸弹恰好就在我家旁边落下爆炸，把我从床上震了下来。轰炸刚开始的情景一片混乱，军队派出汽车，准备把军人的妻子儿女先送去一所学校避难。因为人手短缺，而我的床边有一部电话，所以红十字会的人希望我能帮忙做些联络的工作。我欣然接受，开始记录流落在各处的陆军、海军家属的情况，有确定消息后，军人会接到红十字会的通知，再给我打来查找他们家人或询问情况的电话。据统计，这次事故共有2117名官兵阵亡，另有960名将士不明下落。很快，我得知了丈夫平安的消息，可是还有很多女人一夜之间成为寡妇，有些女人的丈夫则生死不明。我尽我所能去鼓励、安慰着她们。

开始做这份工作时，我当然还是躺在床上接听电话，因为那样太不方便了，之后我便坐在床上。拜忙碌和紧张的情绪所赐，最后我竟忘记了自己的病情，下床坐在桌旁，我知道有很多比我更不幸的人需要帮助。就这样，我每天要下床做16个小时的工作。

日军偷袭珍珠港事件，是美国历史上的一个惨剧，对我来说，却是改变一生的大事。因为在这次灾难中，我挖掘出了自己以往所不知道的力量，我发现，在那之前，面对病情的困扰，我其实是用消极的态度对待的，对恢复健康根本没抱什么希望，我的内心更愿意舒服地躺在床上。我有幸在战乱时被赋予使命，这让我把关心从自身转移到了别人的身上，那种信念赋予我战胜自己的信心！也让我没有时间去哀叹自己的不幸。在忘掉自己的同时，我也获得了新生！

著名心理学家荣格说："我的所有患者中，从医学上找不出任何病因的人就占 1/3 以上，他们自私自利，只关心自己，不懂得什么是生活的意义。"换句话说，他们只想以搭便车的形式来度过一生，可是内心的寂寞与无聊使他们不得不向心理医生寻求帮助。假如在他们赶到之前渡轮开走了，他们就会怪罪码头上除了自己以外的所有人。因为他们总是自私自利，觉得全世界都应该为他们服务。有心理障碍的人如果都能像叶芝夫人那样投身于帮助和关心别人的事情中，那么他们中可痊愈的人至少会有 1/3 以上。

也许你现在会说："我和叶芝夫人的情况不一样，因为我的生活平淡得从未发生过任何有趣的事，每天照常工作 8 个小时，怎么可能有关心帮助他人的兴趣？如果我在圣诞节遇到了孤儿，也同样会关照他们的。如果我遇到珍珠港事件，也会很乐于做善事的。可是，这些又对我有什么好处？"

这还算是正常的想法，那么就让我来回答这种疑问吧。其实大多数人的人生都是平平淡淡的，无论你的人生多么无趣，总还是会遇到一些人，你会怎样对待他们？是有和他们交谈的意愿吗？还是更愿意当作没看见？比如邮差、商店售货员、擦鞋童，你注意过他们吗？你是否想了解他住在哪里？他们家人的状况你知道吗？他是否会感到疲劳或单调，你询问过吗？

你是否想过他们也是和我一样的人，也会有苦闷，也有对未来的梦想和抱负，同样也希望与人交流，这样的机会你是否为他们提供过？这样看来，我们每个人都可以成为因为关心他人而变得健康快乐的叶芝夫人，生活给了我们随处都有的机会。就从明天开始，就从第一个你遇到的人开始吧。对你来说，这样做的好处是什么？这当然会使你更快乐、更满足、更自豪。这并不是我个人的观点，这种观念被亚里士多德称为"开明的自私观"。宗教学家左罗斯特拉说："对他人好并非压力，它能使你健康快乐，因此我把它看作是享受。"富兰克林说得更简洁："实际上，取悦别人是在取悦自己。"

多为别人着想，不仅仅可以让自己摆脱烦恼，还能因此结识更多的朋友，得到更多的乐趣。关于这个问题，我曾向耶鲁大学的威廉·费尔普斯教授请教，他回答道：

在去商店、旅店或理发店等场所时，我一定会与我遇到的人交谈。我要让他们觉得自己是一个人，而不是一部机器上的螺丝。比如我会问理发员，一整天站着理发累不累，他干这一行有多久？是如何涉足理发业的，为多少人理过发？并和他一起数。有时我还会给予一些女服务员以真心赞美，说她们的眼睛或头发很漂亮。我发现如果你对她们表示出感兴趣，就会让她们感到很开心。我常跟工作了一天的行李搬运工握手，这会令他们精神振奋。有一次在一个酷热的夏天，我乘坐火车，准备到餐车上用午餐。餐车那里人群拥挤，很是闷热，而服务速度也很慢。当服务员终于把菜单递给我时，我说："这么热的天在厨房做菜的人可真倒霉。"我以为服务员也会抱怨，但他说："上帝啊！我在这里19 年了，听到最多的除了饭菜不好、这里太热、服务慢就是东西太贵了。你是唯一一位同情厨师的客人。我真希望像你这样的通情达理的客人能够多一些。"

只因我的一句同情，服务员就如此惊异。所以人们所希望的很简单，都是希望自己能被平等对待。在路上散步时，经常会遇到牵着狗散步的人，我总不忘对那只狗表示赞赏。有时候当我再回头看时，往往能见到主人会很欣赏地再拍拍他的狗，他的欣赏是因我的赞赏而重新引起的。当然主人开心，狗也开心，我自己更开心。

想想看一个心中有他人，对厨师表示同情，常与搬运工握手，经常称赞别人的狗优秀的人，可能会被忧虑整日困扰，甚至到了需要找心理医生的程度吗？中国有句谚语很适合放在这里，这句话就是："赠人玫瑰，手有余香。"

多年前，我去一个小镇演讲时，在一位已做祖母的女士家借宿一晚，第二天，她开车行驶50 多英里，把我送到火车站。在路上她给我讲述了这样一个经历：

　　我从小生活在一个靠救济金生活的贫困家庭中，长成大姑娘后，贫困使我非常苦恼，因为我的衣服总是既瘦小又不太漂亮，而且大都是很旧的款式。因为自觉没面子，在参加社交活动时，都不能像其他女孩那样放松而愉快。我经常在哭泣中入睡。后来我想到一个摆脱窘况的办法，那就是在每次聚会时，请我的男伴描述他的经历、人生观和对未来的设想，以便分散他们的注意力，不让他们注意到我寒酸的衣着。说实话我并非是真的喜欢听他们所讲的内容。但结果却出乎我的预料。首先是我在他们的讲述中确实学到一些宝贵的东西，并开始真正对他们抱有兴趣，这竟使我自己也忘记了寒酸的衣服。最重要的是，这种倾听者和鼓励者的角色，总能使别人感到快乐，同样使我受到关注。从那时起，我就成为最受男士欢迎的女孩，当时向我求婚的男士有三位。

　　人的思想观念千差万别，也许有人会说："这全是胡扯！别人的事有什么可感兴趣的？我才没精力去想那些，只要我赚到钱，把想追求的东西弄到手就是快乐！何必操心别人的闲事？"你当然有权利照自己的想法去做，不过，如果你认为自己的想法是正确的，那么像释迦牟尼、孔子、苏格拉底、柏拉图、亚里士多德等古代的圣贤就都是错的了。当代极负盛名的学者——剑桥大学的豪斯曼教授是个无神论者，但他曾在演说《诗歌的名与质》中提到，耶稣基督说："因我失去生命的人，将得到永生。"这确实是最深刻的道德发现，也是永恒的真理。作为无神论者和悲观主义者，豪斯曼教授仍旧发现，那些只想着自己的人，他们的生活会很糟糕，绝不是真正的人生。相反，只有无私奉献的人才能享受到生活带来的真正喜悦。

如果你还不为所动，那就再来看一个 20 世纪美国最优秀的无神论者西奥多·德莱塞的事例：对于这个无神论者来说，所有的宗教在他眼里都是神话，对于人生，他认为那只是"无意义的傻瓜说故事"。即使是这样，德莱塞依然遵守一个道理：为他人服务。德莱塞曾说："若想要在人生中得到快乐，任何人都应多考虑他人，不能自私自利，只有你为别人，别人才会为你，这才是生活快乐的来源。"

如果我们真的认可德莱塞所说的话，认可以上的观点，就不要浪费时间了，应立即行动，去帮助别人过得更好。人生只有一次，在人生的道路上我再也不能回头。如果有任何善事是我们力所能及的，那么请不要轻视，更不要拖延。

所以消除忧虑，获得快乐宁静的第七个原则是：不要总是考虑自己！多对别人感兴趣，多向他人表示关心！

第五篇

远离忧虑的宗教

第一章

追寻快乐的宗教

　　我出生在密苏里州一个农民家庭，小时候那里的农民生活都很窘迫，几乎家家如此，我们家也不例外。我的母亲是当地一所小学的教师，父亲在农场工作，家里每月仅有 12 美元的收入。母亲一边教书，一边还要做繁重的家务，即便这样我们全家还是穷得几乎一无所有。不管天气多坏，我每天都坚持走 2 英里的路，到一所乡办学校上学。在 14 岁之前，我根本不知道脚上穿上套鞋是什么感觉。当然，我们也有快乐的时光，每年把猪卖掉后，能换来全家所需的白糖、面粉和咖啡等。记得有一次去看国庆盛典，父亲竟然给了我10美分零花钱，这让我异常兴奋，感觉成了世上最富有的人了。而在大多数的童年时光里，我忍受着严寒与悲惨的命运，我们经常欠债，残酷的命运似乎总跟我们过不去。能够拥有一双漂亮的套鞋，是那时的我最大的梦想。

记忆里对农庄最深刻的印象是，田地里颗粒无收，全部被洪水淹没了。而这种灾荒的境况在7年里会有6年遇到，随之而来的是霍乱流行，疾病日复一日地威胁着本地人的生命。严重时，连猪也都死掉了，大家不得不把死猪全部焚毁，很多年后，这些可怕的景象依旧历历在目，我们一想起猪被大火烧焦的味道，就忍不住要呕吐。要知道，那些猪是我们赖以生存的家产。

不幸总是伴随着我们，即使是有一年，蒙上帝恩赐，我们家的玉米前所未有地喜获丰收，这样就有足够的饲料养牛了。尽管我们对牛的期望很高，结果却事与愿违，因为大丰收后牛的需求供大于求，价格出现大幅下降，每一头牛最多只能卖上30美元，这与我们付出的完全不成比例！

仿佛那时我们无论做什么都亏本，还有一次，父亲养了几头骡子，悉心喂养三四年后，卖出去的价钱，竟然比父亲当年买它们的还要低很多。经过长达10年的辛勤耕耘，我们一家人仍然艰难地生活，而且债台高筑。土地也被全部抵押出去，仿佛所有的努力只是为了偿还债务而已。已日渐年迈的父亲，变得非常忧虑，茶饭不思，因为疾病的缘故，身体也不像过去那么硬朗，已经不能再在田地里干活了。需借助药物才能勉强吃点饭。他苦心经营了30余年，没想到换来的却是满身的债务和疾病。后来医生告诉我母亲，照这种情况下去是不行的，这会导致父亲对生活产生厌倦。母亲为此很担心，也不能安心地工作，如果看不见父亲，她就会四处寻找，她怕父亲在她不在身边时做出什么傻事来。偏偏抵押土地贷款的银行也在这个时候来逼迫我们家。有一天，父亲从银行回家，想到目前的困境以及银行的无情，在路过一座桥时，差点跳河自杀，还好最后没有做出这种傻事来。

多年后，父亲和我聊起了这件事，他说之所以没做傻事，要感谢母亲那刚毅的信念在自始至终支撑着他。因为母亲是天主教徒，坚信"心诚则灵"这一道理，无论境遇怎样，她也总是对未来充满希望，相信一切都会好起来的。事实证明了，她的信念是对的。在母亲这种精神的感染下，父亲心中的阴影逐渐散去，随着情况的逐渐变好，人也变得开朗起来，并且从这之后，父亲又幸福、安详地度过了42年的生活，直到89岁离开人世。

在艰苦的日子里，母亲能始终对生活充满乐观。这种力量来自于每晚睡前朗诵一段经文，并把心中所有的不快都向天主倾诉。在经文中有最能鼓舞人心的话："在主的圣殿里，有许多房屋，并已为你们安排好了，那是你们要去的地方。"在密苏里州农场的那个贫穷的家里，我们经常祈祷着，请求着，求主来庇护。

哈佛大学的詹姆斯博士曾说过："想要摆脱掉忧虑和烦恼，需要有一种能让人虔诚的信仰。"虽然没有在哈佛大学读过书，可农场的生活让我学会了这个道理。因为虔诚的信仰和祷告，无论发生什么灾难，也摧毁不了母亲那颗坚强的心，我经常会听到她歌唱：

安详啊安详，阳光般的安详，

请上帝赐予我们安详。

在一望无际的大海上，让爱自由地飘荡，

让我们的心灵能沐浴在爱的海洋。

母亲也一直希望我能献身于天主教的传教事业，我的确曾有过这样的打算。可上了大学，学过生物学、哲学后，我又觉得科学比宗教更有说服力。在科学与宗教信仰之间，我开始徘徊。对以前的事情也渐渐产生了怀疑。

非此即彼，在经过了一番痛苦的思想斗争后，我最终还是选择脱离宗教，相信科学，我不再相信世界上有什么神的存在，也放弃了一直以来的祷告习惯，并深信人类总有一天也会像恐龙一样走向灭亡。我用科学的原理去分析问题，认为地球上的所有生命并非天主创造的，而是由自然规律形成的。

事实上，在我们的生活中，没人能够清楚地解释生命和宇宙的奥秘。我们甚至对自己身体的奥秘还没有全面了解呢。是的，后来我明白这样一个道理，虽然我们不能完全解释人体、电力与发电机的原理，但这并没有妨碍我们去正确利用它。我想到了无法理解的祈祷与宗教，可这些同样也不妨碍我们去得到宗教所给予我们的巨大精神安慰。这个道理就像美学家桑塔耶那的观点："重要的不是我们能否对人生理解，而是我们如何去体验我们的人生。"

　　于是，后来我又重新信奉宗教了，至于如何理解和解释宗教，至少于我已经兴趣不大，我所关注的重点是：宗教可以带给我什么乐趣和好处？就像电力和美味佳肴带给我们的一样。宗教正是在精神上给予了我们很大的帮助：宗教给予我们的帮助表现在精神、意志、勇气和希望等方面，能帮助驱散我们内心的忧虑、恐怖和烦恼，还能为我们指引生活的方向，给生活带来很多的启示，它犹如荒漠中的一片"绿洲"，让我们充满了无限的精神力量。正如詹姆斯博士所说的："最大限度地获得人生的满足。"

　　宗教之所以受到人们的欢迎，从现代角度来看，主要是因为祈祷和真挚的信念对人类的忧虑与烦恼起着非常有效的治疗作用。因此，心理学之父布里尔说："一个人若是有宗教信仰，他的精神上基本不会出现太大的问题。"

　　如果彻底否定了宗教会怎样？人们就真的会在精神上失去寄托吗？

　　在大富翁亨利·福特的生前，我曾去拜访过他。在我的想象中，已经 78 岁高龄的他一定会是个历经沧桑的老人，他的身体被岁月无情地摧残了。但当我们见面时，才发现自己的猜想很可笑，尽管他年事已高，但信念坚定、身体硬朗、性格沉着，这使我产生了兴趣。我问他，在一生中难道就没有遭遇过什么忧伤吗？他说："是的，因为我把生活中的一切都交给了主，上帝的存在已经让一切井然有序，我不必提出建议，一切听从主的引导和安排即可。只需虔诚地尊崇主，你就能向着美好的方向发展。"

如果你对当今的心理学家们有所了解，就会发现他们其实也是一种宗教的传教士。因为他们会不断地劝服病人去信仰宗教，与真正的传教士不同，他们不是为了来世，而是为了让病人们能享受美好的现实生活，以便治愈他们的失眠症、胃病、歇斯底里、心胸狭隘等疾病。

第二章

美妙的圣歌

　　宗教信仰对人的影响到底有多大？现代心理学创始人詹姆斯曾在给朋友的信上这样说："不敢想象，假如神突然消失了，人们该怎样度过那漫长的日子？"

　　在上一篇文章里，我说起过在为这本书所组织的征文比赛中，有两篇作品难分高下，然后给大家描述了波顿写来的故事，下面就给大家讲讲另一篇令人难忘的获奖作品，那是一位女士的经历。在她那惨淡的生活中，如果没有上帝的支撑，她很可能活不到今天。为了避免对她家人造成影响，在公布这篇作品时，我们就称她为玛丽。她那段难忘的人生经历是这样的：

　　那是在美国遭遇经济危机的时期，我的家庭也同样受到了波及。我丈夫每月仅有 18 美元左右的收入，并且还因为他身体的原因不得不经常请假去看病休息，所以有时一个月甚至连 18 美元都挣不回来。我们还要养育 5 个孩子，为了给丈夫治病，我们把房子抵押了。为了让孩子们能更好更健康地成长，我又找了一份洗衣的工作。那时，孩子们穿的大多是从一个海军救济所买到的廉价衣服，我稍作修改后再给他们穿。

　　贫穷带来了烦恼和忧虑，同时也损伤了我的健康。因为贫困我们还遭人诬陷，有一天，我家对面小商店的老板，竟然诬陷我 11 岁的孩子偷了他两支铅笔，这个孩子诚实而聪明，当着大家的面被这样诬陷，他感到自尊心受到了严重的打击，当然伤心极了。作为父母，我们更是非常痛心。这些日常的种种不幸，使我对生活渐渐丧失了信心。

　　因为长期忧虑，我患上了一种间歇性的精神错乱症。永远也忘不了那一天，我关掉了洗衣机，带 4 岁的女儿进入房间，关严所有的窗户，并用纸堵上所有的缝隙。可怜的小女儿迷惑地问："妈妈你要干什么呀？"我说："缝隙会让风透进来，所以得堵上它。"然后我把煤气打开，把女儿抱到床上。我闭上双眼说："孩子，我们再睡一会儿吧。"女儿说:"妈妈,你今天怎么有些古怪,我们不是刚刚起床吗?"此时,哧哧的瓦斯声已经在耳边响起了。

那煤气的气味我一辈子都忘不了。奇怪的是,耳边竟然响起了美妙的音乐。原来是放在厨房的收音机忘记关了。我倾听着,那是一首很古老的赞美诗:

耶稣是我们的知己

他宽恕了我们所有的忧虑与罪恶

分担着我们肩上的所有重负

我们无限崇敬的上帝啊

对于我们的困难,你总是伸出救援的手

在我遇到烦恼或意志消沉的时候

你会使我们的精神焕然一新

是这段仙乐般的圣歌让我清醒了过来,我发现在困难和意志消沉的时候自己的软弱,于是,我立即起身关掉了煤气,精神变得亢奋起来,把所有窗户打开,呼吸着新鲜的空气。

自从那次经历之后,我就经常唱这段圣歌,下定决心彻底忘掉以前的忧虑,重新开始。我也真的做到了这一点。我非常感谢圣歌给我们全家带来了平安、幸福与健康。虽然我们已经把房子抵押了出去,还需要花5美元付房租，不过好在还没有全家露宿街头，不是吗？黑暗过后就是光明，只要我虔诚地祷告，上帝肯定会听到的。虽然现在我们还有许多困难，但信仰让我深信，光明的未来很快就会来临，而事实也证实了我所信奉的。现在我在一家俱乐部工作，我和丈夫已经有了一些积蓄，生活好多了。孩子们也大都成家立业，还为我们添了活泼可爱的孙子。假如没有那次煤气事件，上帝可能也不会光顾于我，我和我的家庭也就不会有今天的幸福了，我总是情不自禁地感谢上帝在最危难的关头让我及时醒悟。假如当初我死了，就不会有今天的快乐了，我的家人也会为此永远沉浸在悲痛中。

所以现在，我要用我的经历规劝那些想寻短见的朋友："那些想法真的要不得！"即使遇到再大的困难，也要坚信那只是人生中的一小段插曲，我们绝大部分的人生时光还是无比美丽和快乐的。

第三章

宗教的力量

你想过每天会有多少人自杀吗？在美国，有一项数据统计显示平均每 35 分钟就会有一人死于自杀。这着实让人感到惊讶，而且每两分钟就有一个人患上妄想症。对于这些，我总是想，如果他们能在宗教祷告中得到抚慰的话，或许就能避免悲剧的发生了。

《对现代人的灵魂探索》的作者荣格是一位卓越的精神病专家，他在书中这样写道："过去的 30 年里，我接触和治疗了来自不同国家的许多精神病患者，他们中的大部分年龄已过了 35 岁。

这个年龄层应该属于人生的第二个阶段了，可是他们的心理绝大多数处于一种很浮躁的状态。以我长期积累的医疗经验看，他们的心灵处于一片空白的状态。换个角度说，他们对宗教缺乏最基本的需求，所以这种症状实在是难以医治了。"

这段话真是画龙点睛，我会经常重复它，告诉大家宗教的力量。

因为这种力量在很多人那里都得到了应验，就像在困难面前，我的父亲受到了母亲坚定信仰的熏陶和支撑，才有勇气继续生活下去，并享受了幸福的后半生，活到了89岁高龄。还是那句话，如果世界上所有的精神病患者都能认识到宗教的神奇力量，那么现在也就不会有如此惊人的自杀人数了。

在佛教创始人释迦牟尼去世几千年后，印度又出现了一个圣雄甘地，他也说过："如果不是因为在宗教方面寻找到了一种神奇的力量，我很有可能会患上发狂症！"

在战火纷飞的战场，痛苦和不安会把许多人折磨得筋疲力尽，很多人会在最后选择依赖和相信神灵，渴望借助宗教的力量寻求内心的安宁。多年来，我每个星期天都坚持到教堂做礼拜，风雨无阻，在这里我能对自己的言行进行忏悔。当你闭目忏悔时，你的头脑将会更加清晰，更能清醒地判断事物，从而也能正确地认识人生。而每当遇到挫折，精神即将崩溃时，我就告诉自己："一切都会过去，何必要给自己留下这些痛苦？"

我们有可能活不过30年，可信仰却能与日月共存。写作这本书花费了我6年时间，不是因为字数太多，而是我始终都在搜集有说服力的真实材料。为此我几乎把大半个美国都走遍了，核实了解了成百上千个关于如何解除烦恼忧虑和痛苦的例子。下面是一位家住得克萨斯州，名叫安东尼的律师的亲身经历：

20年前，由于种种原因，我关闭了自己苦心经营的律师事务所，到全美法律书籍公司做销售员，去给人们推销一些法律方面的书籍。

虽然我口才很好，在这之前，也曾参加过销售技巧和专业业务方面的培训，可不知为什么，虽然付出了大量心血，几周过后我的业绩却还是一片空白。

可想而知，我心里出现了烦躁和忧虑的情绪，失去了信心，觉得自己可能不适合推销业。在任何一家律师事务所门前准备推销我的书时，都感觉望而却步，还常会产生一种怪念头：希望那些律师不在他们的办公室。我失去了勇气，即使走进去了，也格外紧张，导致语无伦次，这成了恶性循环，我的上司也有了辞退我的打算，我知道假如再无业绩，我也只能选择自动离开。这期间，妻子也在催促生活费，我们连房租也无力支付。

在双重压力下，我的身体状况开始出现问题，我焦头烂额，处境尴尬，最窘困的时候，身上仅剩下买一杯牛奶的钱，这时我才真正明白，为什么那些走投无路的人会选择自杀。说真的，要是当时我也有那么大的勇气的话，很可能会成为这些人中的一员。我不停问人生在世到底是为了什么？我们为什么降生到这个世界上来？

在我最无助绝望的时候，好在知道向神灵求助。我开始做虔诚的祈祷，祷告上帝能赐给我希望，能让我的工作有业绩，让我的收入有改观，让我的家庭幸福美满。有一次祈祷完毕时，我在抽屉里找到一本《圣经》，我看到这样一段话："不要因为生活就夸大了衣、食、住、行的重要性。生命的存在不是比吃得好更重要吗？健康的身体不是比穿得好更重要吗？你要明白，天上的鸟既不用种田也不用去收割，更不需要在仓库里储藏食物，上帝还要去抚育它们，你们难道不比鸟儿还贵重吗？"这是耶稣告诫门徒们不要烦恼不要忧虑的箴言。

就在我默默祈祷的时候，很奇怪的是，突然间内心好像发生了什么说不清的改变，全身奔涌着一股暖流，精神和情绪都开始放松，我的内心重获自信。

虽然这时候我仍然处在不利的状况里，仍然没钱交房租，可内心却得到一种幸福感，这让我能安然入睡，烦恼和不快也在我内心消失了。

第二天早晨，我带着充沛的热情来到律师事务所，重新开始了工作。我步伐矫健，内心充满着激情，这次勇敢地敲开门，面对表情有些严肃的律师，我自信地微笑着说："早上好，朋友！我是美国法律书籍公司的图书业务员约翰·安东尼，抱歉打扰了，请多原谅。"

律师也微笑回应我："早上好！"并立即起身与我握

手，"很高兴认识你，请坐！"

那天晚上，我像个得胜凯旋的将军一样，从那以后，我好像变了一个人，业绩开始迅速攀升。我的人生发生了逆转，好事接踵而至。在上帝的指引下，我开始醒悟，我的人生价值观发生了改变，人不能囚禁自己，应该放宽眼界，奋斗带给我的更多的是荣誉。虽然我所处的环境依然如故，可我仿佛重获新生。

第四章

祈祷带来的惊喜

耶稣说过："如果你在虔诚祈祷，上帝就会对你的所求做出承诺；如果你一直祈祷，上帝也仍然会给予你。当你敲门时，上帝就会毫不犹豫地将门打开迎接你。"

密苏里州有个叫彼德的女人，差点失去她的孩子，在悲剧即将降临时，她和丈夫选择了去教堂祷告："上帝啊！一切听从你的指引！"这是多么神奇的情形：她和丈夫不但立刻从慌乱中恢复了平静，几天后还收到了好消息。她在信中详细讲述了这件事情：

天知道我当时的感受，在电话响了第 14 次时，我才鼓足勇气拿起听筒，因为我猜到一定是医院打来的，在这之前，医生曾嘱咐过我们做最坏的打算，一旦孩子发生感染，就只能听天由命了，所以这个电话很可能是因为孩子情况不好了，电话果然是医院方面打来的，让我们立即赶到医院。

我和丈夫慌乱地赶去急诊室大厅等候，看到很多夫妻抱着他们已康复的孩子走过的情景，我们心中非常难过，不知道医生会告知我们什么，我的内心忐忑不安，怪命运为何这般残忍？我们最亲爱的孩子不知能不能渡过难关。过了一会儿，主治医生出来了，叫我们去他的办公室，他神情无奈地说："我们已尽了全力，你们的孩子生还几率只有 25％。我劝你们还是再去另外想想办法吧。"

在回家的路上，丈夫流泪了，这还是我第一次看到他流泪。他好像在立誓，悲痛地大声说道："我一定要把他救活，我们绝不能放弃！"回到家里我们默默坐下来，不知道该做些什么，幸运的是，经过思考，我们决定乞求神来帮助我们摆脱这种无助的困境。于是，我们立刻来到教堂，情不自禁流下眼泪，跪在那里虔诚地向天主祈祷。神奇的是，那天晚上我们竟然能睡得很安稳。

在这之后的几天，我和丈夫坚持祷告，几天后的下午，奇迹出现了。我们惊喜地接到了那位主治医生打来的电话，他说："你们的孩子已经度过危险期了！情况正在好转，请放心，一切很好。"

以前，人们总觉得宗教是为柔弱的儿童和妇女提供的，男人们总认为自己比较强大，靠自身的力量就可以战胜自然。可是如果你知道世界上有很多著名的人物也在信仰宗教，你会感到吃惊吗？

美国当时的国务卿爱德华·史塔提曾对我说："每天晚上，我都会祷告，祈求主能给我指出正确的道路，赐予我面对一切的智慧。"

第二次世界大战时，艾森豪威尔的身边总会带着一本《圣经》，因为他从不忘记向上帝祷告。摩根财团的创始人佩波德·摩根在每个周末的下午，都会坚持亲自到教堂进行祈祷。华盛顿、纳尔逊、杰斐逊、李将军等这些著名人物也都如此。

祷告能给人带来力量，带来幸福和快乐，很多人对此都有着切身的体会。就像心理学大师詹姆斯博士所说："人和上帝是亲和的，如果潜心信仰，并将自己托付给上帝，那么你一定会是一个幸福快乐的人。"这一点也逐渐成了许多人的共识。因此最近几年美国教会的人数激增，最高时期能一下子扩充到七八千万信徒，这在美国历史上的任何时期都是前所未有的。

如果你还是不以为然，觉得科学高于一切，那我就再给你举一个颇有成就的科学家信仰和依靠宗教的实例。法国著名生物学家、成就非凡的诺贝尔生物奖获得者——卡列尔就很有感触地说过："由于宗教的广泛传播，使大自然充满了活力，祷告就像太阳照耀的光芒，让人们的精神世界得到了扩展。在人类有史以来，相信祷告所产生的精神能量是最强大的，强大到可以同地球的吸引力相媲美。作为一个医生，对于病人的晚期病症，我们有时候也无力回天，但是我们亲眼见过，有很多病人在做了祈祷后却能奇迹般地转危为安。探索其中的奥妙，有可能是在祈祷的时候，我们与世界的能量相融合，以至于能形成巨大的精神能量。这种能量转换到我们的身上，弥补了人类欠缺的东西，于是，我们换来了一个好的开端。"

如果面对困难，我们的内心有了恐惧，可以求助于上帝！哲学家康德说过："我们都需要有亲近上帝这样的信念。"

著名将军拜德对信仰上帝的力量也有着深刻的体会，因为他在最困难的时刻靠着祈祷挺了过来。他曾在自传书《一个人》中这样描述：

　　1934 年，我被派往极为艰苦的南极执勤。当时，南纬 78 度以南的唯一生物，大概就是我了。你可以想象那是怎样的情景。在冰天雪地中，我被困了 5 个多月。我在唯一的庇护所——我的小屋里，每天感受暴风雪或是冰雹在上空呼啸。最可怕的经历是，南极温度骤然降到了零下 82 度，我的住处简直就是一座冰窖。小屋里充斥着一氧化碳，我虚脱无力，好像中了毒一样。救护队远在百里之外，需要几个月的时间才能赶过来，我该怎么办呢？唯一能做的自救工作就是自己动手，改装现有设备。由于势单力薄，缺乏技术，降低一氧化碳含量的问题还无法解决，我好几次都晕倒在地，甚至担心自己是否会在这白雪皑皑的冰雪世界里静静死掉。

那么是什么神奇的力量使他最终获救了呢？拜德认为，这种伟大的能量就来自于祈祷。在濒临绝望的时刻，他开始祷告，并在日记本上写下了对人生的感悟："人生在世，其实并不孤单……当我抬头仰望星空，群星会闪烁着光芒，沿着自己的轨道转动；太阳的光辉也终会普照到南极的每一个角落……我活得很充实！"最终，在这荒凉的冰天雪地里，拜德将军因为心中的信仰而活了下来。

这个故事告诉我们，如果想摆脱困境求得新生，首先要有坚定的信念。因为只有少数人的能量是有限的，大多数人所蓄积的能量是取之不尽、用之不竭的，足够他们享用一生。

阿诺德是一位著名的保险经纪人，他曾在一次偶然的经历中领悟到了祷告的神奇力量，下面是他的讲述：

10年前的一段时间，我倒霉透了。工作的百货公司快要倒闭了，因此我入不敷出，而我的妻子在那时快要生孩子了，我却因连医药费都拿不出来。我想尽办法，抵押了所有值钱的东西，可还是感到无路可走了。那时的我就像一具为生活奔波的僵尸，没有一点生存的信念。

那天，我锁上大门，发疯一般开着车冲向河边，想了结此生。车开出一段路程后，我忍不住失声痛哭。这样的发泄过后，我开始认真思考现在的处境，是否真的只能选择自杀了？

然后我下定决心，无论情况怎样，我将把自己的后半生托付给上帝，让上帝指引我，于是我开始做祈祷。奇迹终于出现了：我的情绪开始变得安静平和，半个小时后，当我感到轻松下来时，才开车回到家里，安然地进入梦乡。

这种情绪延续到第二天早上，我醒来后重新获得了自信，精神焕发。我信心十足地到一家大企业应聘电气业务员的工作，并非常顺利地就通过了。后来这家大公司解体，我又转行到了保险行业。在 5 到 6 年的时间内，我们家逐渐富裕起来，不但还清了全部债务，把家里的房子重新装修了一下，我还用一部分存款买了一辆新车。我和妻子都身体健康，我的 3 个孩子也都健康可爱，我对于我的生活极为满意，每当回忆起这段往事，我总是心怀感谢，正是因为这段困难时期让我在精神上得到了提高和充实，并得到了可贵的幸福家庭生活。

为什么宗教能让人迅速恢复平和的心态，甚至会比万灵药还管用？为什么它能激发出人的潜在力量？心理学家詹姆斯说："想象你站在世界的顶端眺望一切，就会发现，就算海上波涛汹涌、狂风暴雨，但海底依然宁静安详。不管困难有多大，你都能够镇定自若。哪怕是世界末日，也没有任何事情值得担心。"

不管你是否相信，祷告可以满足人的三个基本欲望。即使你不是信徒，祈祷也会带给你出乎意料的惊喜：

1. 祷告可以让我们主动倾诉烦恼。遇到再复杂的问题，在祈祷的时候，也必须逐一地将困难说出来。因为就算是上帝，也要先将你的问题弄明白，再去帮助你一个一个地去解决。

2. 祷告能帮助我们减压，把心中的包袱卸掉。生活中每个人都有难以承受的压力，很多时候我们难以对别人讲出苦衷，也只有祷告。在祷告过程中，由于内心的烦恼倾诉出来了，就会感觉压力有所减轻。和普通人比起来无形的存在成了我们在这个世上最可信赖的倾听者，最仁慈的安慰者，所以我们要经常倾诉。

3. 祷告还能把消极因素变成积极的因素，这也许会意味着面向成功。就像世界知名科学家卡尔说过的："世界上最强大的自我安慰工具要数祷告。"

既然它的力量如此强大，我们为什么不去积极利用呢？

第六篇

如何避免批评带来的烦恼

第一章

越是遭到斥责越是说明重要

1929 年，美国教育界发生了一件震惊全国的大事：一个曾做过伐木工人、作家、家庭教师和成衣售货员的年轻人，被任命为美国第四所著名大学——芝加哥大学的校长。各地专家学者纷纷赶到芝加哥去看热闹。这个年轻人名叫罗勃·郝金斯。8 年前，他半工半读地从耶鲁大学毕业。仅仅过去了 8 年的时间，便成为芝加哥大学的校长。要知道任职时他只有 30 岁！所以这个消息真令人难以置信。老一辈的教育专家都说他太年轻了，经验不够，所以大为不满，很多人也认为他的教育观念很不成熟，于是一时间对罗勃·郝金斯的批评如同山崩落石一样向他砸过来，后来就连各大报纸也凑热闹参与了对他的批评。

在罗勃·郝金斯就任校长的当天，就有人去对他父亲说："今天早上，我看见报上的社论在批评你的儿子，这可真让人惊讶。"

郝金斯的父亲回答说："没错，但是请记住，不会有人愿意去踢一条死了的狗。"这个回答真是充满智慧，的确，一个人越是重要，去关注他和愿意去踢他一脚的人就越多。因为那个过程可以得到满足。后来的英王爱德华八世——温莎王子，也曾被人狠狠地踢过屁股呢。那是他14岁时在美国安那波利斯市的海军军官学校读书的时候。有一次，一个海军军官发现温莎王子在哭，就去询问他发生了什么事。刚开始他不愿意说这种丢人的事，最后终于说了实话，原来他被军校的几个学生踢了屁股。后来指挥官把学院的所有学生都集合起来，向他们说明虽然王子并没有告状，可是他很想知道为什么有人要这样虐待温莎王子。

遮掩了半天后，终于那些打人的学生出来承认了自己的作为，并且说出了这样对待王子的原因：等他们将来成了皇家海军的指挥官或舰长时，他们可以自豪地告诉手下，自己曾经还踢过国王的屁股。这也是为什么有些人在骂那些教育程度比自己高，或是在各方面比自己成功得多的人时，内心会有一种满足感。

因此，当你被别人恶意中伤，或是被别人踢了一脚时，请这样去想，这些针对你的行为通常也就意味着你已有所成就，并且值得别人去注意了。他们之所以会这样做，是因为能从中找到一种自以为很重要的错觉。比如，我在写这一章时，正好收到了一个女人的来信，因我曾在一个广播节目里赞扬过布慈将军，所以她写信给我，说布慈将军侵吞了她救济穷人募来的 800 万美元捐款，她在心中大骂布慈将军。当然这种指责是相当荒谬的，我把她那封无聊的信扔进了废纸篓，我看不出布慈将军是这样的人，可却对她这样的人十分了解。这个女人并非是想找出事情的真相，只是想获得自身的满足，打倒一个比她伟大的人。就像叔本华说过的："庸俗的人在伟人的愚行和错误中，能得到最大的满足和快感。"

担任过耶鲁大学校长的摩太·道特骂过这样的话："未来我们的妻子和女儿将成为合法卖淫的殉葬品，我们将会因此而大受羞辱，人的品德和自尊都将消失殆尽，以至于人神共愤。"这段话乍看起来像是在骂希特勒，实际上是在骂那个写《独立宣言》的民主政体代表人物——托马斯·杰斐逊。惊讶吗？对，摩太·道特骂的就是他。

记得一份报纸上登载过这样一幅漫画：一个人站在断头台上，一把大刀正准备将他的头砍下来。当这个人骑马从街上走过时，又有一大帮人围着他又喊又骂。这幅漫画的主人公是谁呢？他竟然是美国国父——乔治·华盛顿。

如果你觉得这些都是很久以前的事了，还提他们干吗？现在人性已有了很大的进步。那就再让我举一个 1909 年 4 月 6 日，因乘雪橇到达北极，而震惊全球的著名探险家佩瑞海军上将的例子吧。几个世纪以来，无数勇敢的人为了想达到佩瑞的成就而在北极忍饥受冻，甚至最后失去了生命。佩瑞没有比他们好到哪去，他在路上碰到了各种各样的灾难，也差点因为饥寒交迫而死去，他甚至担心自己会因受不了折磨而疯掉。最后他的 8 个脚趾头还因冻僵受伤而不得不被切除掉，这样一位可敬可佩的人，也逃不过因大受欢迎而导致的嫉妒。那些待在华盛顿的海军官员们，开始诬蔑他是假借科学探险的名义强出风头、聚敛钱财，而后在北极"无所事事地享受着追捧"。这些人不只是说说而已，他们想阻挠和侮辱佩瑞的决心非常强烈，以至于到最后必须麦金莱总统直接干预下令，佩瑞才得以在北极继续他的科研工作。

假如佩瑞没有这样的成绩，只是坐在华盛顿的海军总部办公室的话，想想看他还会不会遭到别人这样强烈的批评和恶意中伤呢？相信肯定不会，因为那样的他就不足以引起别人对他如此大的嫉妒了。

1862 年，因为赢得了北军第一次关键性的胜利，格兰特将军顿时成为美国民众心中的大英雄，可是他遇到的羞辱比佩瑞上将的更糟糕，以至于在遥远的欧洲也引发了强烈的反响。那时，从缅因州到密西西比河岸，人们敲钟点火以示对胜利的庆祝和对格兰特将军的尊崇。但是就在这次伟大胜利 6 个星期后，他却被剥夺了兵权，遭到了逮捕，这使格兰特将军因羞辱和失望而痛哭不已。

发生这种状况的主要原因就是格兰特将军军功显赫，引起了一些傲慢上级的羡慕、妒忌、恨。

如果你正在被非难中伤，被荒诞无理的言辞所苦恼，一定要切记需要掌握的第一个原则：对你越是刻薄的斥责，往往能从另一面表现出人们对你的重视。

第二章

将责难的雨水抖落在地

　　史密德里·伯特勒少将可以算是统领过美国海军陆战队的将军中经历最丰富多彩、又最会摆派头的一位，更身负"地狱恶魔""老锥子眼"之称。因此，我特意去拜访了他。

　　没想到他对我说，在他年轻的时候，也努力想让身边的每一个人都对他有好的印象，想成为一个最受人们欢迎的人物。于是在那个时候，一个小小的批评都会让他觉得不完美，足以让他难过半天，可是在海军陆战队生活的30年，让他变得坚强了很多。他说："我曾被人用最难听的话来羞辱和责骂过，他们骂我是黄狗、毒蛇、臭鼬。我甚至还被有'骂人专家'之称的人骂过，你可以想象，他们能使用在英文里所有想得出来但却印刷不出来的脏字眼来骂我。但这会令我感到难过吗？当然不！如果现在有人在身后骂我，我甚至连头都不会回。"

像伯特勒将军这样不在乎别人羞辱的人，在现实生活中实在是太少了，大多数人都还是会把很多不值得一提的小事看得过于认真，以至于总是忧虑和不快。几年前，我自己也逃不过这样庸俗的在意。那时我为成年人教育班举办示范教学会，有一个来自纽约《太阳报》的记者参加了，可是他在会上却故意诋毁和攻击我个人，以及我所做的工作。我生气极了，认为他是在侮辱我的人格。我下定决心要让他受到应有的惩罚，于是我当即就给《太阳报》执行委员会的主席吉尔·何吉斯打去电话，说明那位记者对我的侮辱，强烈要求他再刊登一篇文章，来说明事实真相，而非这样嘲弄我。

可是后来，每每回想起自己因为冲动的所作所为，就深深地感到羞愧。我也明白了，看那份有澄清事实真相的报纸的人，多半会把它当成一件小事来看待；而大多数人是不会去看那篇文章的；即使在注意到这篇文章的人里，也有一半的人会在几个星期之后就忘掉整个事情。整个事情，只有我太过在意了。

人性就是这样，与别人发生了什么事，是被怎样批评的相比，他们更愿意关心自己在早饭前和后，一直到凌晨干了些什么事。普通人根本就不会想到别人，他们对自己小问题的关心程度，远远超出别人那些所谓大消息的一千倍。

想想耶稣所遇到的事：在 12 个他最亲密的教徒里，有 1 个人背叛了他，只是因为贪图按现在来算的话仅 19 美元的赏金；在他遇到麻烦后，他最亲密的教徒里还有 1 个人，公然背弃了他，还 3 次发誓说不认识耶稣。被信任的人欺骗了，被别人说了闲话或是当成了笑话，被别人从背后捅了一刀等，面对这些不愉快的经历，千万不要只知道自怜，想想看为什么我们要期望自己能够比耶稣的遭遇更好呢？

虽然我们没法阻止别人不公正的批评，可是我们能为自己做一件更重要的事：去决定是否允许那些批评的困扰。

但这并不是说我们要对所有的批评都抱着不理会的态度。相反的是，只是不理会那些不公正的批评。有一次，我请教埃莉诺·罗斯福关于如何面对"不公正的批评"这个问题，她却说，老天知道，她所遭受的批评可真不少。批评她的人数大概比任何在美国白宫居住过的第一夫人的都要多得多。虽然她有许多热心的朋友，不过凶猛的敌人也不少。她告诉我，在她很小的时候就特别害怕别人说她什么。为此她还向她的姨妈——老罗斯福总统的妹妹求助，她对姨妈说："姨妈，每次我想做一件事的时候，总是特别害怕会受到批评。"

姨妈正视着她说："不要去在乎别人是怎么评论的，只要你自己明白你是对的就可以了。"埃莉诺告诉我，姨妈的这个忠告，成了她后来的行事准则。多年后当她住进白宫，这句话也成了让她避免所有不公正批评的唯一方式。

"做也受批评，不做也可能会受批评"，这是埃莉诺对我的忠告。"只要你卓越超群，就一定会受到批评，所以还是趁早习惯的好。"这是已故的马休·布拉对我说过的话，早年当他还是华尔街 40 号美国国际公司的总裁时，我曾和他聊过关于不公正的批评的问题。他告诉我："是的，早些年我对别人的批评也十分敏感。急于让公司里的每一个人都认可我，都认为我很完美。如果有人不这么认为，我会感到焦急和忧虑，然后就去想办法取悦他。可是后来我发现，如果你取悦了他，同时就会让另一些人感到不满。等到我再去讨好这些人时，又会惹恼其他一些人。后来我明白一个道理，越是想通过讨好别人来避免批评，敌视你的人就越会越多。从那以后，我就决定不再理会这些不公平的批评，只尽自己最大的努力去把事做好，把自己的那把破伞撑好，让批评像雨水一样只从身体边流过，而不让它滴进脖子里。"

面对别人的批评时，狄姆士·泰勒的做法相对更高了一个层次，他连伞都不用撑，会允许批评的雨水流进他的脖子里，然后当众为此哈哈大笑一番，就过去了。有段时期，他会在每个星期日的下午，到纽约爱乐交响乐团举办的空中音乐会上发表自己对音乐的评论，来消磨时间。这期间有个女士写信骂他是傻子、骗子、毒蛇和叛徒。后来泰勒在他写作的《音乐与人》那本中提起过这件事，并自嘲道："我猜想这个骂我的女士只是喜欢听音乐，而讨厌听乐评。"没过多久，他又接到那位女士的来信，信的内容主要是表示她丝毫没有改变对他的意见。对此，泰勒的态度不得不让人佩服！他沉着和幽默地回应说："她坚持认为我是一个白痴、骗子加叛徒。"

查尔斯·舒韦伯曾受邀到普林斯顿大学发表演讲，在对学生演讲时他表示，一个在钢铁厂里工作的德国老人，教给了他人生中最重要的一课。那位老人因为战事问题跟其他几个工人发生了争执，最后还被那些人丢进了河里。舒韦伯先生说："当他带着满身的泥水来到我的办公室时，我问他对那些丢他进河里的人说了什么？他回答说：'我只是笑一笑。'"

后来舒韦伯先生把这个老人的话当成自己的座右铭——"只笑一笑"。当你成为不公正批评的受害者时，当别人骂你时，你可以反唇相讥，可是对那些"只笑一笑"的人，你还能如何去说呢？

如果林肯没有学会"只笑一笑"的道理，对那些批评他的话置之不理的话，恐怕他早就会因为受不了内战时的舆论压力而崩溃了。后来他结合自身经历，写下的如何面对和处理批评的方法，成为了文学上的经典题材："一家店不要说去一一回答，就算试着去读一读所有的攻击，我想这家店还不如关门去做其他生意。我尽我所能也尽我所知道的最好的办法去做，这样，即使别人再花费十倍的力气来说我做得不够好或是做错了，也是毫无用处的。"

二战期间，麦克阿瑟将军就把这段话抄下来，挂在他写字台后边墙上的醒目位置。丘吉尔也曾把这段话郑重地镶在镜框里，挂在他最常去的书房。

假若你遭遇到非难，那么就请多考虑第二个原则：凡事尽力而为，然后撑开伞，将责难的雨水抖落在地。

第三章

积极跟自己的缺点说"不"

　　我有一个档案柜，其中有一格柜子放的都是私人档案袋，档案袋里清楚地记录着我干的那些蠢事，那是我故意要记录下来的。有时，是秘书帮忙根据我的口述做的记录。有时则因为事情牵涉到的过于隐私，就必须我自己动手来记录了。

　　我为那个档案袋起名为"蠢事录"。有时间的话，我就会取出它来重新看一遍，重新进行一番自我批评。这样做的效果是，可以帮我处理一些棘手的问题。

　　实际上，我也曾把所干蠢事的责任推卸到别人身上，说是别人导致我这样的。但随着时间的推移，我逐渐变得成熟和理性，明白了其实每个人都应当承担起各自的责任。拿破仑在被流放到圣赫勒拿岛后，说："面对失败我应该多找找自身的问题，而不应该让其他人来承担责任。我最大的敌人其实是自己，如果能早点认识到这一点，也就不会有现在的悲剧了。"

1944 年 7 月 31 日，有一条震惊全美的消息：豪威尔这个深谙自我管理艺术的人，突然在纽约大酒店身亡。这位美国财经界的精英人物兼任了几家大公司的董事，当时还曾经出任美国商业信托银行的董事长。所以消息一经传出，甚至对华尔街的股市造成了很大的影响。豪威尔没有受过多少教育，年轻时曾在一个小镇的店铺做过售货员，后来还在一家国有钢铁公司的信用部就任过经理。他就是这样从基层做起，慢慢经过多次升迁，才有了后来的成就。

在豪威尔先生去世的前几年，我曾特意向他请教过成功的经验，他这样对我说：

我多年以来，有一个坚持记日记的习惯，日记本除了记录两天中的预约，我还会在周末晚上，打开它花些时间进行自我反省，并评估自己在这一周的工作表现，所以我的家人从不会奢望我能与他们共度周末，他们清楚我的这个习惯。我会独自待在房间里，打开日记本，回忆这一周来的工作细节：开会的过程、经历过的会面及各种讨论。我问自己："我还可以怎样更好地改进工作方法？我那时的发言是否还可以更好？我从这件事情中可以得到什么经验呢？有没有哪些决定是值得再考虑考虑的？"

在这样的回顾中，我突然发现，自己竟然能做这些蠢事，这真是我干的吗？这样的自我反省在起初几周会使我的精神比较沮丧。然而，随着时间的流逝，这样的情况已经变得愈来愈少，我要感谢这种自我剖析的习惯，它对我现在的成就有着不可估量的帮助。

豪威尔这种自我剖析的方法，和富兰克林的做法相似。只不过富兰克林将这种自我反思放在每天晚上进行，而非等到周末。在自我反省过程中，富兰克林发现自己爱与人争辩、会为小事分心以及虚度光阴等严重的错误行为。为了不让这些毛病阻碍事业，富兰克林特意制定出一个计划：在每周必须找出一个缺点，然后要求自己去改正，而且每天检查是否做到了。就这样，两年时间里，他坚持与自己的缺点战斗，最后成为大众的楷模。

有的人会觉得，自己谨小慎微，不用做这样的自省，但是艾尔伯特·哈达罗告诉我们："每个人在每天中，至少会有5分钟是在犯错误。"很多人面对批评往往感到难以接受，可真正有智慧的人却能从别人的批评中得到收益。著名诗人惠特曼也曾说："能促使你进步的、虚心学习的人，难道只能是那些尊重你、认同你并且欣赏你的人吗？其实从那些批评你、反对你的人那里我们会获得更多。"换句话说，在等别人来指出我们的不足之前，我们应先尽力把事情做到最好。应当在其他人发现自己的缺点之前先发现并改正它，所以还是让我们先用最严格的目光来审视自己吧。

达尔文为了完成流传后世的著作《物种起源》，就是在长达15年的时间中这样不断审查、不停地剖析自己的。最终这个里程碑式的学说如他所想象的那样，震惊了整个学术界和宗教界。

相信任何被别人骂成猪头的人，都会非常愤怒的。这种让人难以接受的谩骂，竟然也落到了林肯总统身上，他的战争部长爱德华·史丹顿因为他干预军务就曾这样骂了他。那么林肯是如何处理这样的事情的呢？当时为讨好部分自私的政客，林肯下达了一项调动军队的命令。史丹顿认为是林肯脑子进水了，坚决不执行命令，当别人将这话传递给林肯时，他平静地说："如果是史丹顿骂我愚蠢，那我真的应该好好反省一下。因为以前出现这种情况时，他基本上都骂对了。我这就过去亲自和他讨论一下。"

无疑林肯是个有勇气接受他人批评的人。当他判断某个批评的确有道理的时候，就会虚心接受这些对他有益的建议，并开始思考自己的不足之处。后来林肯果然亲自来到战争部，找到史丹顿，听到他的分析后，就立即收回了命令。

法国作家拉劳斯夫说过："人们对自己的看法，往往不如敌人对自己的看法更中肯。"

没有任何人能够从来不犯错误，罗斯福总统只敢奢望自己所做的决定有75%的正确率。伟大的科学家爱因斯坦也曾承认他的科学结论也许只有1%的正确率。我们在任何时间里做出的事情，都有可能是错误的，所以应该明白接受别人批评的重要性。

即便我们真的认同了这个道理，可是一旦受到批评时，人们还是容易条件反射般地采取抵制和防卫的态度，很少会提醒自己反思。这当然可以理解，因为无论对方是否正确，没有人是喜欢被批评的，大多数人只喜欢被称赞。人经常是很情绪化的，理性往往脆弱得像暴风雨中的小树苗般不堪一击，难以接受尖锐的批评。如果谦和一些，清醒一点，这样去想：要是他能指出我更多的不足，不如先虚心接受这些有益的批评吧！当别人在谈论我们的缺点时，首先不要急于去辩解。

有人要问了：假如是有人故意不中肯地人身攻击呢？是否也要心平气和？我曾和其他人谈到过这样一个观点：当你因恶意诋毁而发怒时，不如先静下来想一想，没错，人无完人，我肯定有很多的不足，说不定这个批评是正确的，不管批评者是出于什么目的，只要是指出了我的不足，那我就应当表示感谢才对，因为他让我避免在今后不犯类似的错误。

被查尔斯·卢克曼的广播节目以 100 万美元的高薪聘请来的鲍恩·霍伯，从来不怎么在意夸奖他的信，只注重那些专门来批评他的信件，因为他清楚地知道，只有在批评中才能获益。著名的福特汽车公司，为了摸清公司内部管理与运作中存在的缺陷，特意邀请员工们提出批评与建议。

我认识一个推销香皂的业务员。起初，他在推销高露洁香皂时，订单少得可怜，以至于差点失去这份工作。于是他开始认真思考，他知道产品本身和价位都没有问题，那么就要从自身寻找问题了。他会停在路上并思考自己哪方面做得不对，也经常主动请别人提出批评和意见，是自己表现得不够热情？还是没介绍明白产品的优点？他还会对买过东西的客户做回访，询问他们能否告诉自己哪里还存在不足？有什么忠告和建议。这种真诚的工作态度当然使他收获了很多宝贵的经验，也结识了很多朋友。

这位普通的香皂推销业务员，就是当代最大的香皂生产公司高露洁的总裁——立特先生。

你想要像富兰克林、豪威尔和立特那样出众吗？那就在生活和工作中积极地跟自己的缺点说"不"吧！

第七篇

强健身心让疲倦远离

第一章

掌握精神焕发的钥匙

有一个也许会令你感到非常惊讶的事实：脑力工作者不会因为用脑而感到疲倦。不论人的大脑进行多久的运作，都不是产生疲劳的主要原因。很多人不了解这个事实，但它影响了我的一生。这个结论不是我说的，而是多年前，从事脑神经研究的科学家们对人的大脑机能进行仔细而充分的研究后才最终得出的结论。科学家爱因斯坦即使是在整整工作了一天的情况下，身上所抽出的血液里，也没有找到任何有害的疲劳毒素。而科学家从一个正在进行体力劳动的普通人身上抽出的血液里，却发现含有多种疲劳的毒素和有害物质。这证实如果只是脑力劳动的话，大脑并没有因此产生疲倦，所以即便已经工作 8 ~ 12 个小时之后，大脑的疲劳程度与工作前也并没有多少不同。那么到底是什么让人感到疲倦呢？

心理学家通过研究回答我们：大部分的疲劳其实是由情绪和精神因素所引起的。英国有史以来最著名的心理学哈德菲尔德，在其所著的《心理的力量》一书中写道："人们的疲劳感大部分来自于心理因素，而非生理因素所造成。实际上，单纯因生理原因引起的疲劳是极其少见的。"

另一位美国非常著名的精神病理分析家布里尔博士对此更是有一针见血的精辟论述："一个健康的脑力劳动者，其全部疲劳感的源头是心理因素，也就是情感因素。"

那么更具体些说，哪些心理因素会让办公室的那些脑力劳动者感到非常疲倦呢？显然快乐、满足等这些积极的心理因素肯定不是了。使人们感到疲惫的因素必定是烦躁、忧虑、愤怒、懊丧、仇恨等等消极的因素。它们就像是无形杀手，会给人们带来心理上的负担和精神上的疲惫。心理学专家威廉·詹姆斯在所著的《怎样放松心情》一书中说："美国人有种种不折不扣的坏习惯：精神过度紧张、烦躁、自然显现的痛苦不堪的表情以及坐立不安等。"紧张和放松其实都是人们的习惯，只是有好坏之分。我们应该注重慢慢培养好的习惯，让那些坏习惯慢慢改掉消失。坚持下来，你会发现这种改变能让你的生活和工作发生实质性的好的变化，然后你会感谢当初的决定。

　　具体该如何让自己放松呢？是从内心开始还是从神经开始呢？都不是，倘若一个人不能学会放松自己的肌肉，那么问题是无从开始解决的。下面我们就一起来学习如何放松肌肉的方法：让我们先从眼睛开始吧。让身体靠在椅背上，轻轻闭上眼睛，在心中默念："放松，再放松，不用紧张，也不能再皱眉，让自己放轻松些，再放轻松些……"这样保持持续 1 分钟，默念的语速要慢。

　　这样做一会儿，你是否已经感觉到眼部的肌肉已经放松了下来呢？这种默念犹如一只无形的手，把那些紧张的、浮躁的、让人容易急迫的烦恼都抹去了一般，使心情也随着轻松了起来。用同样的办法，也可以试着去放松你的脸、整个头部、颈部、上肢等等。现在你已经学会了如何放松情绪的小秘诀，只需要你 1 分钟的时间。你的整个身心都可以用这个方法得到放松。当然，我们身体最需要放松的重要的器官，还是眼睛。

　　"你完全有能力去忘记所有的烦恼，假如你能够彻底放松眼部肌肉的话。"这是芝加哥大学的杰克布森博士说的。为什么眼睛对放松身心如此重要呢？医学告诉我们，即使是那些视力正常的人，也会因为眼部的原因而觉得疲劳和紧张。眼睛占据了我们身体所有精力的 1/4。

　　著名女作家维基·鲍姆在小的时候因为不小心摔过一跤，而学到了对她的人生有很重要影响的一课。当时她被一位老人救起，那位善心的老人告诉她："你应该试着把自己想象成一只袜子，像一只柔软的旧袜子那样，这样才能让你放松下来。如果你不懂得如何放松，就很容易受伤。来，小姑娘，我给你做示范，你也来试试看……"老人对她说的这一番话，让她受益终生。接着，那个老人就亲身示范教维基和她的小伙伴们如何跑、如何翻筋斗、如何跳，他教给她们如何才能遵循那句有益的话去做。

放松的确是能让你消除全部紧张和压迫感的好方法，而且是可以在任何地方都能使用的。这个方法可以让自己随时放松下来，但不必刻意去做。首先是重点放松一下眼部，接着放松脸上的肌肉、头部……直到可以感觉到脸部肌肉甚至整个身体都如同婴儿般自然地放松。这期间你只需要不断地轻轻提醒自己："放松，放松，再放松一点"。

著名女高音歌唱家盖莉·库尔奇在表演前也经常采用这个办法。她会让自己完全瘫在一张长沙发里，让身体每个部位的肌肉都能尽量地放松，就连下颚也低垂着。从而使身心都松懈下来。每次登台之前，她几乎都会用这个方法来放松自己，这也是她在舞台上能完美展示而不会感到紧张的秘诀，并且能有效地防止疲劳的产生。

对于如何放松，本书有四项详细的建议：

第一，让身体能够时刻柔软得像一只旧袜子般放松。这听起来也许很好笑，但工作的时候，放一只旧袜子在书桌上，可以很好地提醒我们去放松到什么样的程度。如果不喜欢放旧袜子，那就换成一只猫吧。猫应该算是印度瑜伽术的始祖了，那毛茸茸的头和四肢像打湿了的报纸一样软。当你抱起它时，就会真切地感受到它的柔软和放松，所以当你想不起该如何放松时，就去多观察观察猫。要是真能像它一样放松自己，一切紧张和烦恼肯定会迎刃而解。

第二，尽量保持正确的、舒服的姿势去工作。因为肩膀、颈椎的酸痛以及精神上的疲劳，多半是姿势的不正确和身体的紧张引起的。

第三，每天多反省几次，并要告诫自己，不能把不好的精神、消极的力量用在工作上！我可以再放松和舒适些。这些都是能帮助你培养放轻松的好习惯。如芬克博士所说："有 2/3 的疲倦是完全可以避免，因为它们都是由不良习惯所引起的。"

第四，当夜晚来临时做最后一次反省，问问内心："我是不是疲倦了？如果是的话，就应该从我的做事方法中寻找原因。"乔士林说过："我每天希望看到的是一个十分有精神的自己，而不是感到劳累和十分疲惫，那样并不代表我的工作有多么好，相反是一种失败的表现。面对精神疲惫的自己，我会明白，这一天在工作上是失败的。"

如果美国企业的管理者能了解并督促员工们去使用这个方法，那么就会大大降低因精神紧张而引发的疾病甚至导致死亡的概率。如果人们可以掌握放松和对抗疲劳的诀窍，那么相信精神病院里就再也不会有因过度疲劳而导致精神崩溃的病人了。

希望更多的人能掌握精神焕发的钥匙，让疲劳远离生活。

第二章

争取每天多清醒一小时

为什么我要在讲关于预防忧虑的话题时还要重点讲怎样预防疲劳呢？这很简单，因为疲劳和忧虑之间有密不可分的关系。任何一位医科学生都会告诉你，疲劳会降低身体对一般的感冒和其他多种疾病的抵抗力。而任何一位精神病专家也会告诉你，疲劳同样会降低你对忧虑感和恐惧感的抵抗力。所以，防止疲劳也就可以防止忧虑。

我所说的"也就可以防止忧虑"是一种比较保守的说法，而对此芝加哥大学临床生理学实验室主任埃德姆德·杰可布森医生讲得更深入一点，他写过两本关于如何放松的书：《慢慢放松》和《你必须放松》。他还花了几年的时间主持研究了将放松紧张情绪作为一种治疗方法在医学上的运用。他宣称，"任何一种神经或情绪上的状态，在完全放松之后就都会不复存在。"也就是说：通过放松，可消除你的忧虑。

所以，防止疲劳和忧心的法则就是：经常性地休息，在你感到疲倦以前休息。

这一点为何如此重要呢？这是因为疲劳会以惊人的速度进行积累。经过多次试验，美国军队发现，即使是已接受过多年军事训练的年轻力壮的军人，如果每小时扔下背包休息 10 分钟的话，他们的行军速度仍然有很大的提升潜力。因此部队要求他们这样做，你的心脏和美国军队一样有力：它每天泵出来在全身循环的血液足够装满火车上的一节油罐；每天释放出的巨大能量足以把 20 吨煤铲到一个 3 英尺高的平台上，它每天负担这令人难以置信的工作量长达 50 年、70 年甚至 90 年，它怎么受得了呢？哈佛医学院的华特·B·坎农博士解释道："绝大多数人认为心脏夜以继日地跳动。事实上，在每次收缩之后，它都有一定的休息时间。当心脏按正常速度每分钟跳 70 下时，它实际上每天只工作了 9 个小时，它的休息时间总计达整整 15 个小时。"

二战期间，英国的温斯顿·丘吉尔首相在六七十岁的高龄还能够年复一年地每天工作 16 小时，领导大英帝国进行战斗。他的秘诀是什么呢？他每天上午在床上工作到 11 点，看报告、发出指令、打电话以及召开会议，午饭之后他还要上床睡一小时。

晚上 8 点的晚餐以前他还要接着上床睡两小时。他这样做并不是要消除疲劳，也没必要去消除，他已经预防在先了。因为他频繁休息，所以能精力充沛地一直工作到深夜。

约翰·D·洛克菲勒也创造了两项非同寻常的纪录：一是他积累了当时世界上个人拥有量最庞大的财富，二是他在不断创造财富的同时一直活到了 98 岁高龄。这与一些钱没赚多少，自己却因过劳死的人形成了鲜明对比。那么他是如何做到的呢？当然，其家族的长寿基因遗传也不可否认，但最主要的原因就是，他每天中午都在办公室里午睡半小时，这段时间内哪怕是美国总统给他打电话他也不接。

在《为什么会疲劳》一书中，丹尼尔·优西林讲道："休息并不是完全不做事情，休息就是修复。"人体拥有很强的修复能力，以至于即使打 5 分钟的盹，也有助于预防疲劳。著名的棒球老将康里·马克告诉我，他每场比赛前都要睡个午觉，如果不睡的话，打到第五局时他就会感到力不从心了。可是，如果他睡过午觉，且哪怕只睡 5 分钟，就是对付连续两场比赛也没问题。

当我访问伊莲娜·罗斯福在白宫做第一夫人的那 12 年里是如何应付千头万绪的事务的，她对我说，要保证每次的接访工作都不出纰漏，她在每次会见很多人，或是要发表演说之前，她通常都会找一把椅子或者是一张沙发坐下来，闭上眼睛，放松 20 分钟。

爱迪生把他巨大的精力和耐力归因于他有随时能够入睡的习惯。

在亨利·福特80岁生日前不久，我去拜访过他，他精神饱满、神采奕奕。这让我十分惊讶，我请教他秘诀，他说："能坐着就绝不站着，能躺着就绝不坐着。"

被誉为"现代教育之父"的贺瑞斯·曼，在生活中同样也是这么做的。在他担任安提奥克大学校长的时候，他经常躺在一张长沙发上和学生面谈。

我曾经说服了好莱坞的一位电影导演去尝试这样一种类似的方法。他从事后承认，这类方法产生了奇迹般的效果。我所说的是好莱坞最有名的大导演之一——杰克·查特克，几年前来看我的时候，他担任米高梅公司短片部的负责人。由于老是感到筋疲力尽、浑身乏力，他尝试了许多方法都不管用，诸如滋补品、维生素、药物……放满了抽屉。我建议他每天偷偷懒，怎么做呢？就是当他在办公室里和手下那些作者开会的时候，平躺下来伸直身体。

两年后我再见到他时，他说："用我医生的话来说，真是太神奇了。以前每次讨论短片的时候，我总是紧绷神经坐在椅子里。现在每逢这些会议，我都是在办公室的沙发上躺着。过去的20年我从未感到过这么舒服，我现在每天能多工作两个小时，却很少感觉疲惫。"

这些方法是不是也适用于你呢？如果你是一位打字员，就不可能像爱迪生或者杰克·查特克那样在办公室里打盹。你如果是一个会计，也不可能躺在长沙发上和你的老板讨论财务报表，可是，如果你住在一个小城市里并且每天中午回家吃饭的话，你就可以在饭后打个 10 分钟的小盹。乔治·卡特莱特·马歇尔将军也常常如此。他感到战争期间指挥美国军队的工作如此忙碌以致中午必须休息一会。如果你已经年过半百，仍感到自己太忙无法抽出时间做这些事情的话，那么赶紧去买你所能买到的人寿保险。毕竟现在葬礼不便宜，你的老伴也可能想用那些保险赔偿另觅新欢。

如果你不能够在中午稍作休息，至少要在晚餐之前躺一个小时，这比喝杯酒便宜多了，如果你能在下午五六点钟，或者 7 点钟左右睡上一个小时，那么你就可以每天多清醒一小时，为什么呢？因为晚饭前睡的那一小时，加上夜里所睡的 6 个小时一共是 7 个小时，比你在夜里连续睡 8 个小时的效果要好得多。

一个体力劳动者如果休息更多时间的话，每天可以做更多工作，弗里德里希·泰勒在贝勒汉钢铁公司担任科学管理工程师期间，就证明了上述结论。他曾经观察过，工人们每人每天大概可以往运货车厢上装 12.5 吨左右的生铁，而他们通常在中午就人困马乏了，他对所有可能产生疲劳的因素进行了研究，得出每名工人不应该每天仅仅运送 12.5 吨生铁而应是 47 吨的结论！他计算出，他们应该做到目前运送量的将近 4 倍，而且不会疲劳，接着他证明了这一点。

泰勒从搬运工里选了一位业绩居中的施密特先生，要求他在规定时间里完成工作，而这位工人严格按照一位拿着表指挥他的人所说的去做，"现在搬起一块生铁，向前走……现在坐下来，休息……现在走……现在休息。"

　　结果搬了 47 吨生铁，而其他人只能搬 12 吨半。弗里德里希·泰勒在贝勒汉公司的 3 年时间里，施密特始终按照这个进度来工作。所以，他的收入比别人高出 3 倍！他之所以能够做到这一点，是因为他在疲劳之前能够休息，每小时他大约工作 26 分钟，休息 34 分钟，他休息的时间长于工作的时间，可是他却干了几乎是别人 4 倍的活！这是想象或是虚构的吗？不是，这是管理者弗里德里希·泰勒的现场记录。

　　我重申一次，按照美国军队的办法去做——经常休息。按照你心脏工作的方法去做——在疲劳之前先休息。这样就能使你每天多清醒一小时。

第三章

倾吐内心的苦闷

去年秋天的一个下午，我的助手被邀请参加了在波士顿举行的一场医学座谈会，实际上那是一次心理治疗实验，主要是为了帮助因焦躁苦闷而生病的人，所以与会者都是经医院诊断为精神失常的女人。

为什么要举办这样特殊的座谈会呢？著名心理医生约瑟夫·布拉特博士在 1930 年发现了一个令人震惊的事实：大多数来看病的患者在生理上其实并没有什么问题，但是在他们自己和他们周围的人看来，他们的病症却非常严重了。比如有个妇女说她十根手指都疼得动不了，是患上了严重的手指关节炎。还有很多人说自己头痛、背痛，总是觉得疲惫，无缘无故地感觉疼痛，有的人还怀疑自己患有胃癌。可是他们在去医院进行了全面的身体检查后，却查不出任何生理上的病变。如果换了以前缺乏经验的医生，一定会觉得是由于她们过重的精神负担导致了幻想症。

经验丰富的医生会清楚地知道病因所在，也明白这个时候无论对病人怎么解释，都不会有效果的。如果真的可以那么轻易地解决他们的问题，那他们就不需要跑到医院来了。

因此，布拉特博士决定举办这种特殊的座谈会。效果出奇的好，十几年来，有几千名患者因为参加这种座谈会而得到了康复，甚至有一些人坚持每年都来参加。我的助手遇到了一位连续 9 年参加座谈会的妇女，他们进行了交谈。这位女士说，一开始，她坚信自己得了心脏病和肾病，总是感觉身体不舒服，这也让她长期处于忧虑之中，后来甚至引发了间歇性失明。通过参加座谈会与大家交谈，她想开了很多，慢慢也开始对人生恢复了自信。现在，她心情开朗，没有病痛的折磨，虽然到了花甲之年，还当上了外婆，可是周围的人都以为她才不过 40 岁。她说："以前，我曾经痛苦得想要自杀，现在我终于知道那些不良情绪会损害健康。你不可能相信那时的我和现在的我是同一个人。我还明白了，想要创造出新生活，只有靠自己的力量。"

我的助手在座谈会上曾目睹过这种方法的神奇疗效：有一位第一次参加座谈会的女士，一开始活像一只受惊的小鸟，你完全可以感觉到她内心的惶恐不安。可是不久，她就可以与大家正常交流了，并且滔滔不绝。她大谈与这个世界格格不入的观点和看法，并很快能平静下来。座谈会结束时，她竟然可以轻松地笑了。可是这并不意味着她已经完全康复。事情不会那么容易，她只是在语言的交流中，体会到了大家的温暖，感觉到在这个世界上，她还是被同情和关心的。这短暂的成功就源于语言交流的魅力，语言在治疗过程中会产生巨大的作用。

露丝·海夫汀博士也认为，找知心的朋友倾诉，是治疗烦恼和忧虑最有效的办法，她称此为"宣泄疗法"。每次病人来找她看病时，总是难以控制自己苦闷的情绪，他们牢骚满腹，迫不及待地将忧虑、苦恼和郁闷统统说给她听，希望从她那里得到宽慰。露丝·海夫汀说："当然，我们有责任去帮助她们排解忧虑，我要做的就是用心去倾听，与他们交流，让他们在我这里体会到人世间的真情，从而感受到生活在这个世上还是有意义的。"

自弗洛伊德时代起，心理学家就明白语言沟通能使心理分析产生的功效，如果让病人将长期积累的苦闷统统倾诉出来，他们就能得到放松，即使不能马上康复，至少，可以让他们的忧虑减轻许多。为什么会这样呢？大概是因为吐出了心里话后，就可以让自己清醒一些，发现问题的根源，摆脱内心的那些不安。或者说，这种"倾吐内心的郁闷"，可以让自己完全放松一次。

因此，如果当你感到烦闷忧虑的时候，不妨去找个可以诉苦的人，起码是你信得过的朋友，比如医生、亲戚或者神父，来倾诉一番。告诉他你的那些苦闷，即使他们帮不了你也没关系，只要他愿意坐在那里认真倾听就可以了，这样做并非是让你变得唠唠叨叨，而是对你非常有益的。因为把烦恼全都倾诉出来，是最基本的治疗手段，但是一定要挑选好对象，再配合一些别的方法，这对自我治疗有一定的促进作用，比如：

1. 有些文学作品能够使人获得很大的精神力量，如果有你喜欢的，不妨将它们剪辑成册，每当遭受挫折时，你就将它翻出来读一读。这是现在大家都比较认可的一种疗法。

2. 不要过分计较别人的过失，世界上没有完美的人，再伟大的人物也会犯错误，所以即使你的丈夫（或妻子）有什么样的毛病，你也要告诉自己，他不可能样样都完美，否则他就是"神"，而不是"人"了。

难道不是这样吗？在参加治疗座谈会的人中，有一个总是对丈夫挑三拣四的女人，当主持医生问她，假设她的丈夫突然去世了，她会怎样呢？她想了想后顿时清醒了，于是在一张纸上写满了丈夫的优点。

如果你和某个男人结婚感到后悔了，那么不妨也试试这种方法，然后也许你就会发现，他并没有那么讨厌，身上也有很多的优点，而且他是非常爱你的。

3. 尽量向身边的人多奉献爱心。有一个女人比较保守，所以她没有一个朋友，但是后来，她学会让自己放松，主动去与他人交往，现在，她觉得生活比以前开心多了。

4. 在每天入睡之前，计划好明天要做的事情。繁重忙碌的生活总是容易让人心情郁闷并且沮丧。为了避免手忙脚乱，最好的办法是能事先把事情的条理梳理清楚，且要学会掌握好时间。当生活中的大多数事情都能被顺利完成，你自然就有了满足感。

5. 远离疲劳和紧张，尽量让自己放松下来。疲劳和紧张对你的伤害比最厉害的魔鬼还可怕。如果你想顺利安静地做点事情，首先就要学会如何放松，你可以轻松地躺在沙发、木板床或是地板上，让烦闷和紧张的情绪随着你的放松而消失。不妨来试试下面的几种方法，坚持一周，或许会有效果。

（1）一旦感觉疲劳、不舒服，如果条件允许就在地板上平躺好，让四肢尽量舒展开，然后打个滚。每天做两次。

（2）闭上眼睛，告诉自己："阳光正照在我的脸上，蔚蓝的天空那么温柔，很是舒服，大自然多么宁静美好，而我是上帝的孩子，此刻正与自然界融为一体。"在心里反复默念这些句子。

（3）如果你正在工作，躺在地板上不方便同样可以坐在椅子上，同时将腰杆挺直，双手放松、平放在大腿上，伸伸脖子，活动一下筋骨。保持轻松的心情，这样也能产生相同的作用。

（4）从脚趾开始收放肌肉，然后慢慢向上移至腿部，最后是头顶，轻轻对肌肉说："别紧张，要放松！"并使头部和脚部一样用力地收放。这样反复多次。直到感觉全身轻松了。

（5）试着以一定规律的深呼吸来让心情平静。

（6）借助那些可以产生快乐的心境，还能有助消除衰老痕迹的放松法。比如，想象一下自己脸部的那些皱纹，再想象着开始将它们慢慢抚平。一天重复两次，坚持这样做，或许不需要进美容院，你就能恢复美丽的容颜。

第四章

养成四个良好工作习惯

　　威廉·姆斯是芝加哥西北钢铁公司的总裁，他说："将桌上的文件收拾整齐，与将上面堆满各种文件的人相比，前者的工作效率将会远高于后者。我也认为前者是提高工作效率的一种聪明的方法。"你会在华盛顿国会图书馆的天井石雕上，看到著名诗人赫普的一句名言：自然法则的第一条，就是井然有序。

　　所以培养第一个良好的工作习惯是：**要把事情安排得井然有序。**

　　往往现实生活中更多的职工们是喜欢在办公桌上堆放大量闲

置物品的。信笺、文件及备忘录，那些让人看了就头痛的东西，《新奥尔良报》的发行商就跟我说过，有一次他的秘书在清理办公桌时，一台两年前丢失的打字机竟然意外地找了出来。

办公桌上堆放过多的杂物，会让你工作起来毫无头绪。大多数人不去收拾整理的借口是，最近太忙啦、无从下手等等，给自己制造出不必要的麻烦，最糟糕的是，杂乱无章、手忙脚乱的工作往往会引发高血压、心脏病及胃溃疡，那样就得不偿失了。

宾夕法尼亚大学医学院教授曾发表了一篇很有见解的报告，标题为《功能性神经衰弱——常见的机体并发症》，在报告中这位教授提出了11项需要患者去改进的精神状态，其中第一项就是：责任感过于强烈，工作起来无休止。

著名的心理医生萨德勒曾经遇到过这样一位神经衰弱的患者，他们还没正式交谈几句，那个人就感觉被治愈了，那是一位芝加哥一家大公司的主管，他患上了严重的忧郁症，一点都不清楚自己每天都在做什么，可是他看上去并不像是得了什么病，所以他没有理由退出工作岗位，于是来到了萨德勒医生的诊所急于向心理医生求助。

萨德勒医生和我这样描述那天的情况：

那天，当我正准备要和他交谈时，恰巧有好几个电话接连打进来。第一个是医院打过来的，因为有患者在，我迅速给了答复；第二个也是较紧急的电话，我和对方稍微讨论了一下便做出了回应；第三个电话则是我的朋友打来的，向我征询精神病患者的治疗意见。就这样，当我接完三个电话正准备向他道歉时，却发现他像换了一个人似的，已经完全放松下来了，和他刚进来时的状态很不一样。

他对我说："没关系，医生，在你接电话的这段时间，反而让我安静下来想了很多，在你的办公室里我突然明白了自己的不足之处。我知道回去后应该努力改进的地方了，这样可以让自己过得轻松些。但是在那之前，能否请您让我看看您的抽屉？"

我拉开了抽屉，里面除了放一些办公文具，别的几乎就没什么了。他问我："您的文件呢？难道没有要做的文件吗？"我说没有任何工作拖欠下来，我都已经做完了，如果真的是太忙，我就会通过口授来让秘书执笔。

6周以后，这位患者竟然邀请我来到他的办公室，这次见面我发现他发生了很大的改变，而且在他的桌子和抽屉里跟我一样除了文具外什么都没有了。他告诉我说，在6周前，他在这里还有两间办公室，还摆放着三张塞满了许多文件的办公桌，因为杂乱无章我从来不曾想过去整理。但就是因为那次去你那里，我很受启发，所以回来后，马上清理了办公室里所有的杂物。现在我只用一张办公桌，心情反而轻松多了，现在只要有了工作，我就要求自己立刻去做完，决不拖延，也不再为不清楚干什么和累积的欠账而发愁了。现在我有非常好的精神状态和健康的身体。这个功劳应归于你。

要知道在工作上，真正致人死亡的是忧虑过度和烦恼过多。曾任美国最高法院院长的哈格斯，也这样说过："再多的劳动也不会致人损命，而过度的烦恼和忧虑等负面情绪却能使人丧命。"

第二项良好的工作习惯是：**处理事情要抓重点。**

创建了城市服务公司的杜赫在分析优秀职员时曾说过："思维的敏捷和分析事情的轻重缓急是两种用多少金钱都买不到的创造性能力。"

派珀秀登公司的老板莱克曼就是这两种才能的受益者，曾经他只是一个穷光蛋，通过自己 12 年的奋斗，最终跻身于百万富翁之列。莱克曼说："不知从什么时候起，我习惯了早上 5 点起床。起床时，我的思路会特别清晰，于是我马上开始安排一天的工作流程，并能很快地决定怎样去具体操作。"

贝特格是一位保险业务员，当时他的业绩可以算是全美最好的，他也有提前安排好一天工作的习惯，只不过他会在前一天夜间而不是在清晨 5 点，在安排好工作计划后，他还会给自己第二天的工作定下标准。如果没能达标，就会将差额加到第三天的标准数额上。

生活经验告诉我们，要求一个人总是井井有条地做事的确是有困难的，但你要知道，有秩序地开展工作，总会比毫无头绪地做事更有效。

假如萧伯纳没有做事讲求条理的习惯，那么他只能做一辈子的银行小职员，也就无法成为世界闻名的作家了。就是因为他希望自己能出人头地，所以无论多困难都坚持完成为自己制定下的每天写 5 页作品的计划，即使是在生活最窘迫、过得最绝望的那 9 年里，他也不曾放弃完成这样的计划。

第三项良好的工作习惯是：**当机立断、立刻行动。**

我以前的一位学员豪威尔曾担任全美钢铁公司的董事，虽然他已去世了，但他跟我讲过的一件事至今还令我记忆犹新。那时他在董事会审议提案时，花了大量的精力、准备出了很多提案，但是大家争论不休，大部分的提案被搁置了，只有小部分被通过，于是导致各位董事还得被迫将没通过的提案带回家去继续研究。后来豪威尔发现了问题所在，经过据理力争，他说服董事会每天只能对一个提案进行审议，而且不要留到下一次会议，必须讨论出最终结果。果然，效率大大提高了，问题随之得到顺利解决，董事们再也不用为此烦躁不安了。

第四项良好的工作习惯是：**学会领导、权力下放和监督。**

总有许多事业有成的老板不愿意或不懂得权力下放，总是独揽大权、一意孤行，然而毕竟一个人的精力是有限的，想要把所有事都做得完美是不可能的。一个公司所有的事情都由老板亲自去做，肯定会出现麻烦、导致忧虑。我了解到，老板们之所以很难放心地把权力分给别人，是担心万一用错了人，后果不堪设想，但是我们更要清楚，想要避免不必要的苦闷、压力和忧虑，提高整体效率，除了下放权力，也没有更好的办法了。

　　自主创业的人多半都很忙，如果他们不学会把领导、权力下放和监督这三项良好的习惯运用掌握好，就只好准备在 50 ~ 60 岁时死于劳累吧。你若是不信，认为这是吓唬人的话，那就亲自去翻翻每天在报纸上发布的讣闻吧。

第五章

在枯燥的工作中寻找兴趣

厌烦、烦闷等心理确实是导致身体疲劳的最主要原因。如果你还不认可，那我们再来看看艾丽丝的例子。

艾丽丝是一家公司里的主管，每天要负责的事情很繁杂，这让她总是感到很疲惫。忙了一天的她回到家后，总是感觉全身像散架了一样，妈妈做了好吃的关心地劝她吃，可她什么东西也吃不下，只是应付着吃上几口，感觉倒在床上就能立刻睡着。可是当她的男朋友在这个时候打电话过来，约她一起出去跳舞时，她顿时如吃过兴奋剂一般精神抖擞。她换了最好看的衣服，开心地哼唱，凌晨3点才回到家，还因为兴奋而睡不着。

她是不是真的累了呢？如果是的话，为什么男朋友约她玩的电话一打来，她就立刻能精神焕发呢？是的，她的确累了，只不过是因为厌倦自己的工作，她感到十分疲惫、很不开心。但是她会带着希望去憧憬未来。有着这种相似心理的人不在少数，或许你就是其中的一员。

这一点是没有争议的，心理上的厌烦是比工作中的劳累更容易让人感到疲倦的。几年前，巴麦克博士就做过证明疲劳是由厌烦情绪产生的实验，并记录在他的那本《心理学档案》中。实验是让他的学生参与的，在实验过程中，学生们都表现出焦虑不安、昏昏沉沉、异常疲惫的情况，甚至有人开始觉得自己胃口出了问题。这些不适的表现有没有可能是学生们故意装出来的呢？

答案是否定的。因为后来还对学生们的新陈代谢进行了检查，表明在他们工作顺利的情况下，情绪都会比较稳定，新陈代谢也大大加快。而在他们感到特别疲倦时，氧的消耗量就会成倍下降，新陈代谢值也随着降低了。

有一次我在加拿大的落基山度假，经过一次远距离的行程，冒着随时会摔倒的可能跋山涉水，再穿过恼人的荆棘林、灌木丛，沿途在克莱尔河中钓鱼。纵使长途跋涉是如此辛苦我也并没有感到十分疲劳，这是怎么回事呢？要知道，钓鱼对我来说是一件让我非常感兴趣的事，之前旅途上所有的辛劳就在钓到很多大鱼的一刻变成了甘甜。想想如果我对钓鱼也毫无兴趣，对沿途的一切都不感兴趣，那结果又会怎么样？我们对某些事情发生兴趣、产生热情时，就不会感到疲劳了。否则，对于任何人来说，需要翻一座海拔 7000 英尺的大山，想想都是一种痛苦的折磨。

如此看来，登山这种极为消耗体力的运动，到底能不能把身体搞垮，还是要取决于我们的精神和思想。下面再来看看明里阿波利斯的金融巨头金曼先生的经历，相信你对此会更有体会：

1953 年 7 月，加拿大政府指定登山协会抽调一些高手，为森林巡逻队的训练做向导，森林巡逻队中就有我。那次在一位年龄 50 岁左右的向导带领下，我们爬山、过河，经过 115 个小时的历程，到达目的地休息时，那些经过专业登山训练的年轻队员，累得全都趴下了，甚至很多人连饭都顾不上吃就睡了，可是年长他们很多的向导们却丝毫看不出疲倦的样子，他们不仅从容地吃了晚餐，还能谈笑风生，这是什么原因呢？其实就是因为他们对这项体育运动充满了热爱。

索达克博士曾做过一个实验，他让几个年轻人在一个星期内通过不同的方式不睡觉。然后他根据这个有趣的实验，写出了一份报告《产生疲劳的根源是烦闷心理》。如果你是一个脑力工作者，工作效率下降最可能的原因是压力和紧张的情绪，这一切让你感到很厌烦，而不是因为工作量太大。相信大部分人肯定有过这种经历，当结束一天烦闷的工作，感到沮丧、疲惫、很头疼，往往拖着沉重的脚步回家。可是转天，你又能够很好地处理那些棘手的问题，并且效率惊人，然后回家后也觉得一切都是那么的舒畅。

这其中给了我们怎样的启示呢？那就是疲劳的真正根源在于烦闷的情绪。在科恩的喜剧作品《展船》中，安迪船长说过这样一段台词："我一生的好运就在于能做自己喜爱的工作。"有幸可以做自己喜欢的事，能从中得到快乐，在工作中没有太多的烦恼和厌倦，这本身就是一种幸福。在写作的这段日子，这些对我也有很好的启示。

一位俄克拉荷马石油公司的女职员，感觉每天上班的工作十分枯燥，实在没什么发挥创造性的空间。她的工作是把一些数据在已经印好的合同书上记录好，然后机械地进行统计。说实话这种工作很难使员工获得赞誉、晋级或感激。可是即使没有任何奖励，后来她也将工作做了调整，竟然使它变得有趣起来，这样一来她能从中享受到工作过程的快乐。这个真实故事中的女职员，后来成为了我的妻子。

汉斯·维亨格教授要求我们拥有在痛苦中寻找快乐的能力，他告诉我们，对不感兴趣的工作，要去"想象"其中的乐趣并坚持下去，这样，你就会产生兴趣，甚至会喜欢上它，从而也就避免了工作带给你的忧虑和烦闷。

下面要讲讲对工作非常富有热情的戈尔登小姐的故事，她告诉我们：

　　在我工作的单位里一共有4名女同事，我们每人负责处理4到5人的信件。即便这样我还是为忙不过来而经常感到焦头烂额。有一天，副经理让我重新打印一封很长的书信，被我拒绝了。我对他解释说只要再修饰一下就可以了，实在没必要重新打一份。

　　面对我的拒绝，他也很直接地对我说："重新打印一封很长的书信。"我当时非常气愤，不得不去重新打印，想想这份工作来之不易，就平静下来。那一刻我告诉自己，我一定要成为最出色的女秘书，所以我要调整自己的心态，然后我发现，只要工作快乐，精神上就会没有压力，心情也会舒畅。如果再能把工作当作一种享受，那么效率就会成倍增长了。

　　在明白这一点后，通过自己的努力改变，我得到了上司的认可和表扬。没多久，经理就让我做他的秘书。吃苦耐劳的确是人生最大的财富。

　　几年前，霍华德的工作十分单调，当同龄男孩不是在打棒球，就是在同女孩子谈恋爱时，他却被安排到餐厅里洗盘子、擦柜台、分送冰淇淋。对这份工作，他特别不喜欢，只是迫于生存还得干下去。好在他是一个聪明人，他开始试图"诱导"自己的兴趣，一开始实在找不到可以引起兴趣的，后来他鼓励自己对冰淇淋的生产过程产生兴趣。就这样，他很快成了顶尖的化学高手。紧接着，他又在不知不觉中对营养化学发生了浓厚的兴趣，并立志要主攻食品化学，通过努力他得偿所愿，顺利考入了麻省理工学院。并在纽约的可亚交易所举办的"怎样使可可变成最佳巧克力"的征文活动中，荣获奖学金。

大学毕业后，霍华德便租了一间地下室作为工作室。不久，政府新文件规定：牛奶公司的产品必须经过细菌数目检测后方可上市。这个新法律的出台给他带来了希望，他通过技术在牛奶公司找到很多活儿，后来忙不过来，还雇用了两名帮手。

25 年后，霍华德早已成了该领域的导师，当初他的那些四处游玩的同学们却可能还沉湎在自暴自弃中，或可能在接受救济。事实上，如果不是当初想方设法把自己认为的低贱又无趣的工作做得富有情趣，他肯定不会有今天的成功。

虽然萨姆觉得他的工作十分枯燥，可是因为找不到适合的好工作，只得留下来继续生产螺丝。在无奈中，他想到是否能把工作变得有趣一点儿？毕竟在一段时间内他还需要靠这份工作生存。这样想着，他便开展与另一位工人生产螺丝的竞赛，比谁干得又快又好。这样不久，萨姆就因技术精湛而被调入另一个部门。这个部门的技术含量更高一些，所以他的工资也连升了好几级。30 年后，他成为了一家企业的董事长兼总经理。不难想象，假如不是他积极想办法让工作变得有趣从而勤奋努力，也许这辈子他都只是一个薪水不高的普通工人。正是他的上进决定了他日后的成功。

考登·波恩是一位推销员，以一年净赚 5000 美元的优秀业绩成为当时法国的推销之王，可是谁又能想到这样一个优秀的人，在年轻时竟然是个连法语都说不了几句的毛头小子呢？他成功后曾自豪地对别人说，在法国这一年的工作经历，甚至比在哈佛大学单纯学习书本上的知识更有意义，他了解到自己确实有这方面的能力。

这个不太懂法语的推销员，通过努力对法国的文化习俗有了相当深入的了解，并进而跃居一流推销员的行列，而在这期间所积累的宝贵经验，也让他可以胜任之后从事的新工作。下面就是他为大家讲述的如何走向成功的经历：

　　每次在我准备上门拜访前，都会把所有法文版的推销台词背熟。一开始说法语时我总会带着滑稽的美国口音，所背出的广告词听起来也是那么的拗口。那些开门出来的主妇听到后总是被逗得哈哈大笑，于是我也笑着大方承认："我是美国人，美国人。"接着我便递给她们法文的宣传单和广告词，这样方便她们了解我们的产品和服务。气氛逐渐融洽时，再递上幻灯片。那时我每天最重要的功课，就是在出发之前对着镜子给自己加油鼓劲儿，因为我也有退缩的时候，也不是每次都能充满信心。

考登·波恩觉得不要担心会出糗，如果当时不是因为做那些显得滑稽的表演，他做任何事都会觉得没意思。他乐于滑稽的表演，喜欢从按动门铃的那刻起，自己成为舞台上最吸引人的那个角色。后来他获得了成功。相信只要你对工作投入极大的热情，它便会给予你丰厚的回报。

考登·波恩每天早上还有一个习惯，就是给工作下个赌注，借以提醒自己，需要更加努力地工作。这样就让自己还没完全清醒的身体充满了活力。那些渴望获得成功的美国青年从考登·波恩那里得到了激励，因为他们崇拜这位没有任何背景，仅靠自己努力就在国外站稳脚跟的同乡。

心理学家说，一个健康的心理是需要每天用积极向上的思想来鼓励的。不要觉得这样做很可笑。1800年前的罗马皇帝马可·奥勒在《马上沉思录》中留下过一句流传后世的名言："通过思想才能创造人生！"

通过经常对自我的激励，可以实现让自己在生活和工作中都充满热情，所以常常去提醒自己吧，让我们多一些思考的时间，去思考关于幸福、勇气和安宁的意义，相信你会收获更多。

上司布置任务的时候，肯定是希望员工们可以很好地接受，并能出色地完成。而能多拿些薪水又何尝不是员工的想法呢？所以你就要想办法降低工作在你心中的厌倦感。不论上司的想法如何，单单从个人的角度出发，你肯定也想能在岗位上获得更多的成功和更大的进步吧？

带着这种想法扎扎实实地工作，在工作中获得快乐并竭尽所能朝着更好的方向努力，你还会担心没有发展或是没有出路吗？

再详尽一点说，这是一个很好的良性循环，如果通过个人积极的努力把工作干得出色，不仅你的烦恼会消失，还会因此不断得到晋升，获得更高的薪水，即使没有得到物质上的奖励，工作中的你也是快乐的！

第六章

不再为失眠所困扰

你现在被睡不好觉困扰吗？如果是，你可能会对我要讲的内容感兴趣，世界闻名的大律师塞缪尔·安特梅尔这辈子就没有好好睡过一个好觉。

安特梅尔在大学读书期间，倍受熬煎的两件事就是哮喘病和失眠症。看上去这两种病似乎都治愈无望，于是他决定采取退而求其次的办法——充分利用好失眠。失眠时不在床上辗转反侧耗时间，而是下床看书。结果如何呢？他在班上每门学科成绩都独占鳌头，成为纽约市立大学的奇才之一。

他从事法律职业以后，失眠的困扰依然没有消除，但他一点也不担心，他说："大自然会照顾我的。"事实的确如此。尽管他每天只睡很少的时间，但身体一直很棒，能够和纽约律师界的年轻律师们一样打拼。甚至比他们更具精气神，因为别人睡觉的时候，他还在工作。

21 岁时，塞缪尔·安特梅尔年薪已达 75000 美元，年轻的律师们纷纷跑到法庭上去学习他的经验。1931 年，他在一桩诉讼案中得到的律师费也许是当时历史上律师收入的最高纪录：100 万美元。

但失眠症与他仍是形影不离。他读书读到大半夜，然后清晨 5 点就起床阅读信件。当大多数人刚刚开始工作的时候，他差不多已经做完一天之中一半的工作了，他一直活到 81 岁，一生没睡过一个好觉。要是他为失眠而烦躁忧虑的话，恐怕他早就毁了。

我们一生的宝贵时间有三分之一是在睡眠中度过，可是没有人知道睡眠究竟是什么。我们只知道睡眠是一种本能，是一种让自然天性得到恢复的状态。但我们不清楚每个不同的个体需要几小时的睡眠，更不清楚我们是否非得睡觉。

很奇怪吗？一战期间，一个名叫保罗·柯恩的匈牙利士兵，脑前叶被子弹射穿。伤愈后，奇怪的事情发生了，他再也不睡觉了。无论医生做什么，用了各种镇静剂和麻醉剂，甚至催眠术都用上了，柯恩始终无法进入睡眠状态，哪怕是让他犯困都不可能。

为此，医生们都断言：他活不长了，但他却跟他们开了个玩笑。他找到了一份工作，健健康康地生活了许多年。他会时不时地躺下闭目养神，却无论如何都不会进入梦乡。他的病例是医学上的一个难解之题，也推翻了我们对睡眠的很多看法。

一些人需要的睡眠时间远比别人多。托斯卡尼每晚只需睡5个小时，而凯文·柯立芝每天要睡11个小时。也就是说，托斯卡尼的一生中大约有五分之一的时间在睡觉，而柯立芝一生中却几乎有一半的时间在睡觉。

为失眠而困扰比失眠本身产生的损害要大得多。比如说，我的一个学生，来自新泽西州山田公园的伊拉·桑德勒，就几乎因为忍受不了长期的失眠症而几次想自杀。

伊拉·桑德勒告诉我："我以为我的精神出现问题了，麻烦就在于此，我以前睡眠特别好，闹钟都吵不醒，结果每天早上上班都迟到。我为此而烦闷，而事实上老板已经多次警告过我了，让我必须按时上班。我知道如果我再睡过头，我就会把饭碗给丢掉的。

"最后我不得不去看一位我熟识的医生，他说：'伊拉，我帮不了你，相信别人也帮不了你，因为是你自己带来的毛病。每天晚上上床，如果你不能入睡，那就忘记所有的事情吧！'对自己说：'我丝毫不在乎睡得着睡不着，就算醒着躺到天明，我也无所谓。'闭上你的眼睛，说：'只要我静静地躺着，不去担忧什么，我仍然能够得到休息。'

"我照着他的话去做了，两周之内我的情况渐渐好转。不到一个月，我每天能睡上 8 小时，精神也恢复正常了。"

可见折磨伊拉·桑德勒的不是失眠本身，而是因失眠而引起的焦虑，芝加哥大学教授纳山尼尔·克莱特曼博士在睡眠方面做了很多的研究工作。作为一名世界顶级的睡眠问题专家，他宣称还没听说过有谁是死于失眠的。无可否认，人们会为失眠而忧虑，直至抵抗力下降，被病魔吞噬。但这是由于忧虑所造成的后果而非失眠本身。

克莱特曼博士说，那些为失眠而忧虑的人通常获得的睡眠比自己所意识到的要多得多。那些发誓说"昨晚眼睛都没闭一下"的人，可能在不知不觉中已经睡了几个钟头。例如，19 世纪最渊博的思想家赫尔伯特·斯宾赛，老年时仍是孑然一身，他栖身于寄宿宿舍，整天喋喋不休地诉说自己的失眠问题，让别人烦得不得了，他在耳朵里戴上耳塞来逃避吵闹获得安静，有时甚至靠吃鸦片来催生睡眠。一天晚上，他和牛津大学的塞斯教授同住旅馆的一个房间，第二天早上斯宾塞宣称他整夜没合眼，而事实上塞斯才一宿没睡着，他听斯宾赛的鼾声听了一整夜。

要想有个好的睡眠首要条件就是要有安全感。我们得感觉到有一种比我们自身更强大的力量在保护我们直到天明。著名的西部骑士避难所的托马斯·海斯洛浦博士在英国医学会上的一次演讲中提到："经过多年的实践，我发现催生睡眠最好的原动力之一就是祈祷。我是完全以一个医疗工作者的身份来说这句话的。习惯性地祈祷，是最有效最正规的方式，让精神得到充实，神经得到镇定。"

"听命上帝，顺其自然。"

简奈特·麦克唐纳告诉我，当她精神不振、忧虑重重、无法入眠的时候，她就通过反复诵读《圣经》的方法来获得安全感："耶和华是我的牧者，我必不至缺乏。他使我躺卧在青草地上，领我在可安歇的水边……"

但如果你不信教，同时必须辛勤工作的话，那就要学会让自己的身体放松，大卫·哈罗德·芬克博士曾写过一本书，叫作《从神经紧张中解脱出来》，提出解决失眠问题的最好方法是和自己的身体交谈，根据芬克博士的观点，语言是各种催眠法的关键点。如果你始终无法入眠，那就是因为你和自己谈论的是一个失眠的案例。要从失眠状态中解脱出来，就要放松你自己，对你身上的肌肉说："放松，放松，一切放松"。

我们都知道，肌肉紧张时，精神和神经就不可能放松，所以，如果我们想入睡的话，就必须先放松肌肉，芬克博士建议把一个枕头放在膝盖下面来减轻腿的紧张，把小枕头垫在手臂底下来减轻手臂压力，让自己的下颚、眼睛、手臂和双腿放松，我们就会在不知不觉中入睡了。我知道这很管用，因为我已经尝试过了。

还有一种治疗失眠的有效方法，就是通过做园艺、游泳，打网球，打高尔夫球、滑雪或一些简单的消耗体力的工作，使自己在体力上疲倦，著名作家希尔多·德莱塞就是这么做的。当他还是一个为生活挣扎的年轻作家时，也曾经为失眠忧虑过，于是，他找了一份到纽约中央铁路当铁路工人的工作。在打了一天的钉子，铲了一天的石子之后，他筋疲力尽，甚至于昏昏欲睡，无法坐在那里把晚餐吃完。

　　假如我们足够疲倦，那么，你不想睡都不行了，即便是在走路也会睡着的。比如说，我13岁的时候，父亲装了一车肥猪运去密苏里州的圣乔城。因为有两张火车票，他就带上我一起去了。直到那时，我还从没去过超过4000人口的小镇。当来到有着60000人口的圣乔城，我激动万分。我看到了6层高的大楼、街上的小轿车……如此种种宏伟的景象。

　　至今我闭上眼睛，仍能回忆起来。让我激动万分的一天过去了，我和父亲乘火车回密苏里州的莱文伍德。凌晨两点到达后，我们还得走4英里路回到农场。这就是故事的重点：我已经筋疲力尽了，以至于我走路的时候就睡着了，而且居然还做梦。而且，我经常会在骑马的时候睡着，而我现在还活着呢！

　　当人们完全筋疲力尽的时候，他们的睡眠雷打不动，哪怕恐怖来袭，哪怕战争爆发，著名的神经科医生佛斯特·肯尼迪博士告诉我说，1918年英国第五军大撤退时，他就亲眼看见筋疲力尽的士兵当场倒下，一下子就睡着了，仿佛昏迷过去一样。哪怕他用手撑开眼皮，他们仍不会醒来，他注意到他们所有人的瞳孔都在眼眶里向上翻起。肯尼迪博士说，"从那以后，每当我睡不着的时候，就把我的眼珠翻到那个位置，我发现，几秒钟之内我就会哈欠连天。困倦袭来，这是一种我们自身无法控制的反应能力。"

　　当然，从来没有一个人用拒绝睡眠来达到自杀的目的。因为不论一个人意志有多坚定，他也挣脱不了大自然让他入睡的法则，我们可以很长时间不吃不喝，可要是不睡觉，一定挺不了多久。

谈到自杀，我想到亨利·C·林克博士在他的著作《人类再发现》中提到的一个案例。林克博士是心理咨询公司的副总裁，他曾经和很多忧虑沮丧的人交谈过。在《消除恐惧和忧虑》一章中，他谈到一个曾经想自杀的人。林克博士说："你如果非要自杀，那你至少死得像个英雄。绕着这个街区跑，直到你累死为止吧！"

他试了，不止一次，而是好几次，每一次他都会觉得感觉好一些，是在精神上而不是肉体上，到了第三个晚上，他终于达到林克博士最初想要达到的目的——他身体非常疲劳，以至于他睡得像是死人一样。后来他参加了一个健身俱乐部，参加各种竞技体育项目，不久他就感觉好了很多，他想永远地活下去！

所以，要想远离失眠的困扰，有必要牢记以下四条准则：

1. 如果你睡不着，就照塞缪尔·安特梅尔那样去做，起来工作或看书，直到你感到困倦为止。

2. 记住，从来没有人因缺乏睡眠而死，为失眠忧虑会比失眠本身对你产生更大的损害。

3. 放松你的身体。

4. 多运动，直至让自己筋疲力尽。